westermann

Steffen Staus

D1920344

Arbeitswelt 4.0

CAE-Anwendungen in der virtuellen Produktentwicklung

1. Auflage

Bestellnummer 221365

Die in diesem Werk aufgeführten Internetadressen sind auf dem Stand zum Zeitpunkt der Drucklegung. Die ständige Aktualität der Adressen kann vonseiten des Verlages nicht gewährleistet werden. Darüber hinaus übernimmt der Verlag keine Verantwortung für die Inhalte dieser Seiten.

service@westermann.de
www.westermann.de

Bildungshaus Schulbuchverlage Westermann Schroedel Diesterweg Schöningh Winklers GmbH, Postfach 33 20, 38023 Braunschweig

ISBN 978-3-14-**221365**-1

westermann GRUPPE

Vorwort

Die *Dynamik der Digitalisierung* bringt einen rapiden Wandel der Arbeitswelt mit sich. Dieser Prozess wird nicht zur Ruhe kommen, bis jeder Schritt im Leben eines Produkts digital erfasst und bearbeitet wird.
Dieser Umschwung hin zur *Arbeitswelt 4.0* verlangt von allen Beteiligten einen Anpassungsprozess, der nur durch stetes Lernen zu bewerkstelligen ist. Die klassischen Ausbildungen, die eine solide Wissensbasis für ein ganzes Arbeitsleben bildeten, dienen heute nur noch als Grundlage für den Einstieg in eine Berufswelt. Es entstehen neue Arbeitsfelder und entsprechend neue Ausbildungsberufe und Studiengänge.
Dementsprechend ragen die *virtuellen Welten der Produktentstehung* thematisch tiefer in die *Ausbildung in Beruf und Studium* hinein. Schon seit einiger Zeit sind computergestützte Methoden wie zum Beispiel CAD Teil oder zentraler Gegenstand der Lehre bzw. des Studiums. Durch die schnelle Entwicklung, auch im Bereich der *computergestützten Ingenieursmethoden* (*CAE*), werden diese handhabbarer und können nun mit weniger profundem, theoretischem Hintergrundwissen sinnvoll eingesetzt werden.
Daher hat sich der Westermann-Verlag des Themas angenommen und diesen Band in die Reihe *Arbeitswelt 4.0* aufgenommen.
Ziel dieses Buches ist es, die grundlegenden Zusammenhänge der virtuellen Produktentwicklung zu erläutern und die CAE-Methoden für *Auszubildende sowie Studierende an Fachschulen und Fachhochschulen* so aufzubereiten, dass ein Zugang ohne viel Theorie und mathematische Gleichungen ermöglicht wird.
Darüber hinaus möchte dieses Buch jeden Interessierten dazu animieren, *verschiedene CAE-Software selbständig zu nutzen*. Dazu werden im zweiten Teil des Buches *4 Anwendungsbeispiele* aus der Produktentwicklung Schritt für Schritt erläutert, sodass man auf nachvollziehbare Weise Ergebnisse erzielen kann. Von vielen Software-Anbietern wird eine Schüler- bzw. Studierendenversion der Programme angeboten, wodurch ein *kostenfreier Einstieg* in diese Werkzeuge möglich wird. Jedem Engagierten wünsche ich Spaß und neue Erkenntnisse bei der Bearbeitung der Aufgaben.

Steffen Staus, Braunschweig, März 2020

inkl. E-Book

Zu diesem Lehrwerk sind ergänzende digitale Materialien als BiBox (zum Beispiel Lernvideos) erhältlich. In unserem Webshop unter www.westermann.de finden Sie hierzu unter der Bestellnummer des vorliegenden Schülerbuchs weiterführende Informationen.

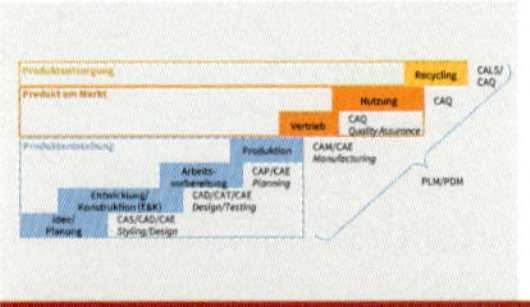

Kapitel I

1. Virtuelle Produktentwicklung

1.1 Produktebtstehungsprozess (PEP) 6
1.2 Virtuelle Produktentwicklung 10

Kapitel II

2. CAE-Datenbasis: CAD-Modelle

2.1 Modellbildung 19
2.2 CAD-Konstruktion mechanischer Produkte (M-CAD) 22
2.3 CAD-Konstruktion der Elektrik/Elektronik (E-CAD) 35
2.4 Datenmanagment, Datenformate und Schnittstellen 38

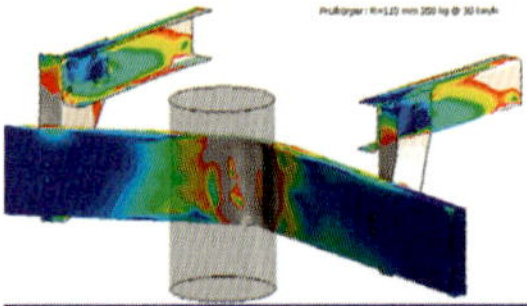

Kapitel III

3. Computergestützte Entwicklungsmethoden (CAE)

3.1 Produktsimulation 47
3.1.1 Simulation mechanischer Komponenten 47
3.1.2 Simulationsbasierte Entwicklung elektrischer-/ elektronischer Komponenten 53
3.2 Prozesssimulation 56
3.2.1 Urformprozesse 57
3.2.2 Umformprozesse 60
3.2.3 Spanende Bearbeitung 61

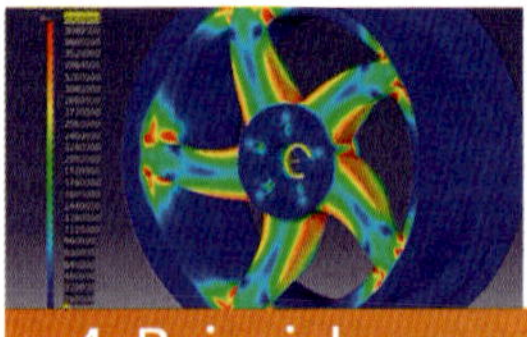

Kapitel IV

4. Beispiele computergestützter Komponentenentwicklung

4.1 CAD-Konstruktion einer Aluminiumfelge mit CATIA V5-6® 65
4.2 Festigkeitsberechnung einer Aluminiumfelge in CATIA V5-6® 77

4.3 Berechnung transienter Schaltungen mit OrCAD/PSPICE® 87
4.4 Berechnung eines kapazitiven Näherungssensors mit MARC/MENTAT® 97

Sachwortverzeichnis 112
Bildquellenverzeichnis 117

Zum Gebrauch des Buches

In den Beispiel-Anwendungen wird häufig auf Menüpunkte, Fenstertitel, und Funktionen in der Programmoberfläche sowie Tastatur-Tasten Bezug genommen. Die Texte, die in den entsprechenden Feldern stehen, werden in eckige [Klammern] eingefasst dargestellt.
Auch die Maustastenbelegung ist in jedem Programmsystem etwas anders. Oft wird eine bestimmte Aktion mit der Maus beim Erstellen eines Modells in der CAE-Software nötig. Daher werden für die Maustasten folgende Abkürzungen vereinbart:

Maustate	Abkürzungen
linke Maustaste	<ML>
Mittlere Maustaste	<MM>
Rechte Maustaste	<MR>
Doppelklick linke Maustaste	<DML>

In diesem Band verwendete CAE-Software:
Der Einstieg in industriell eingesetzte, seriöse CAE-Anwendungen ist ohne jeden Kostenaufwand für Auszubildende und Studierende möglich:

CAE-Anwendung	Softwaresystem, Bezugsquelle	Schüler-/Studenten-Version	Preis €
M-CAD	CATIA V5 6®, Dassault Systems	academy.3ds.com/en/software/catia-v5-student-edition (im Herbst 0,00 €!)	sonst 100,00 €
E-CAD	OrCAD Capture®, Cadence Inc.	Version 16.6 orcad.com/orcad-academic-program	0,00 €
FEM	MARC/MENAT®, MSC Software	mscsoftware.com/de/student-edition	0,00 €
FEM	CATIA V5-6®, Dassault Systems	academy.3ds.com/en/software/catia-v5-student-edition (im Herbst 0,00 €!)	sonst 100,00 €
Schaltkreis-Simulation	PSpice AD Lite®, Cadence Inc.	Version 16.6 orcad.com/orcad-academic-program	0,00 €

Eine Liste weiterer, alternativer Software wird am Ende des Buches angegeben.

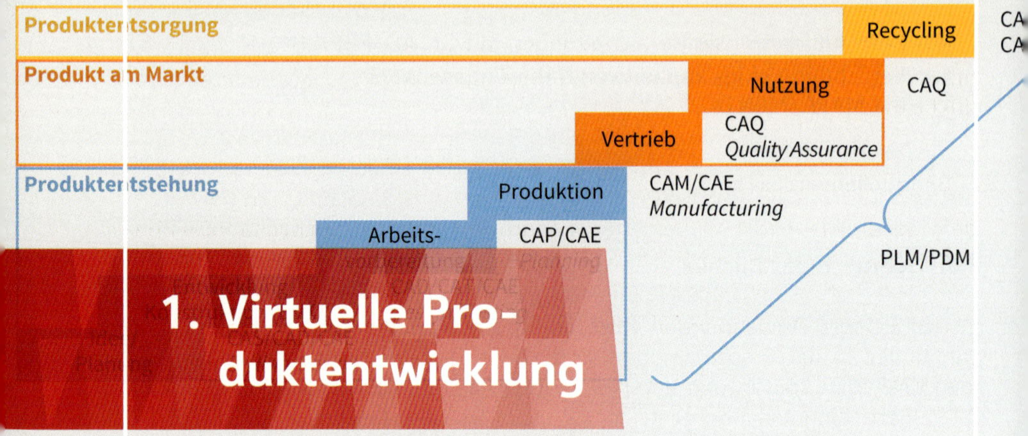

1. Virtuelle Produktentwicklung

1.1 Produktentstehungsprozess (PEP)

Der Produktentstehungsprozess definiert alle Prozesse, die mittels Prozessmanagement von der Produktidee über die Produktentwicklung bis zur -herstellung organisiert werden. Er umschließt nicht nur Tätigkeiten wie die Ideenfindung, die Konstruktion, die Planung, Berechnung, Analyse und Optimierung des Produktes mit allen seinen Eigenschaften selbst sondern genauso diese notwendigen Tätigkeiten zur Definition seines Herstellungsprozesses. Der PEP ist daher kein fest vorgegebener Prozessablauf sondern selbst durch stetes Lehren und Weiterentwicklung mit ingenieurwissenschaftlichen Methoden dem Wandel unterworfen.

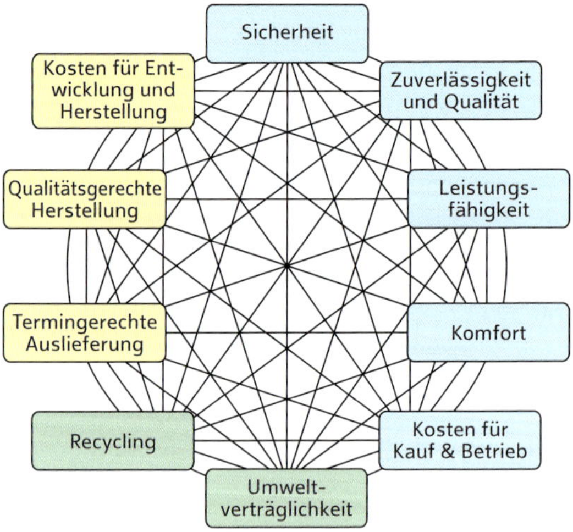

Abb. 1: Gesetzliche und unternehmerische Anforderungen sowie Kundenanforderungen an ein Produkt.

Um ein neues Produkt am Markt erfolgreich zu platzieren, muss es in Bezug auf die an es gestellten Anforderungen durch innovative Lösungen bestechen (vgl. Abb. 1).

Diese Anforderungen werden sowohl von Kundenseite als auch von Unternehmensseite und Gesetzgeber mit zum Teil widersprüchlichen Zielen an ein Produkt gestellt (Abb. 1).

Für komplexe Produkte verfügt jeder Hersteller über einen eigenen Produktentstehungsprozess. Dennoch erkennt man übergreifende Konzepte und Gliederungen. Generell ist ein Produktentstehungsprozess in unterschiedliche **PEP-Phasen** gegliedert, die durch **Meilensteine** voneinander getrennt werden (M1 bis M7 in Abb. 2). Die Meilensteine sind dazu eingerichtet, den Reifegrad eines Produktes oder Prozesses anhand von im Vorhinein definierten Kriterien zu überprüfen.

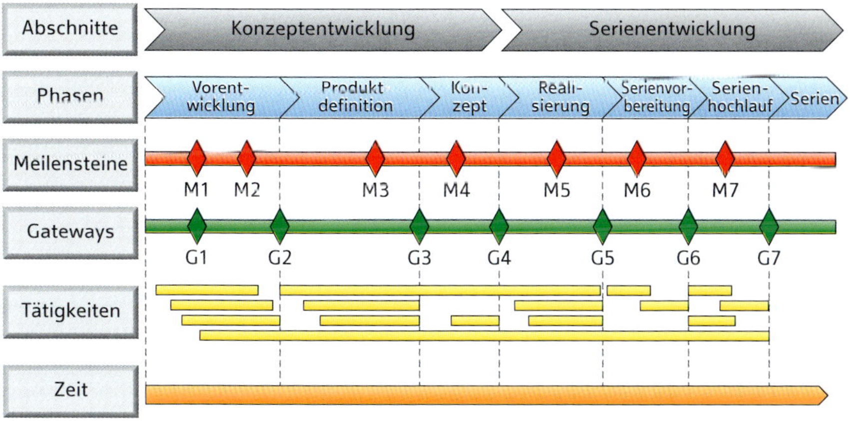

Abb. 2: PEP, schematisch

Meilensteine testen dabei Zwischen- oder Phasenziele ab. Beim Erreichen der Kriterien eines Phasenendes erfolgt die Freigabe der vorrangehenden Phase und die Fortentwicklung kann weitergeführt werden. Daher bezeichnet man diese Meilensteine auch als „**Gateways**" oder „**Quality Gates**". Sie bilden auch Zeitpunkte, zu denen in den Phasen parallel ablaufende Entwicklungsschritte mit einander zeitlich gekoppelt werden (G1 bis G7 in Abb. 2).

Die *Vorentwicklung* geht der eigentlichen Produktentstehung voraus. Die Produktidee (zum Beispiel mithilfe von **Brainstorming** oder **Methode 6-3 5**) muss zur weiteren Entwicklung durch das Projektmanagement freigegeben werden (G1). Zu dieser Zeit entsteht aus Vorentwicklungsleistungen und der Produktidee ein Steckbrief als zweites Gateway (G2).

Dieser Steckbrief wird mit Machbarkeitsstudien und **Benchmarking** auf Wettbewerbsfähigkeit und die entsprechenden Zielmärkte hin überprüft. Durch das Management wird eine grobe Zeit- und Ressourcenplanung unternommen. Am Ende dieser Phase steht ein konkretes Grobkonzept (G3), dass durch Anforderungen (Pflichtenheft interner und externer Kunden) definiert ist.

In der *Konzeptphase* werden typischerweise mehrere Konzepte konstruiert und als digitale und reale Prototypen zur Absicherung in Versuch und Berechnung weiter verfolgt. Zugleich wird die Detailplanung in Form eines Lastenheftes erstellt (G4).

Während der *Realisierungsphase* (*Serienentwicklung*) besteht der Prozessfortschritt im zeitgleichen Erstellen von Prototypen, der ersten Baustufen und der Serienkonstruktion sowie deren Erprobung. Zudem wird die Auswahl der Zulieferer für die Zusammenarbeit im Projekt getroffen (G5 in Abb. 2).

In den Phasen der *Serienvorbereitung* und des *-hochlaufs* ist es notwendig, die Zulieferer- und Herstellerprozesse zu synchronisieren. Dazu dienen die Vorserien-Produkte, die schrittweise an den Serienzustand herangeführt werden (Vorsereien-Freigabeprodukt, Nullserienprodukt). In diesen Zeitraum fallen auch die Pressevorstellungen und die Markteinführung. Die Managements der Beschaffung, der Qualität, der Logistik und des Anlaufs gewinnen an Bedeutung und übernehmen jetzt die Prozesssteuerung. Die PEP-Prozessphase ist abgeschlossen mit dem Start der Produktion (G7 in Abb. 2) (Englisch: **SOP**, Start of Production).

Die Tätigkeiten während der PEP-Phasen (Abb. 2) können zum Beispiel in die folgenden Arbeitsbereiche untergliedert sein, aus denen sich entsprechende Abteilungen in Unternehmen herausbilden:

- Vertrieb
- Styling
- Design/Konzepte/Entwürfe
- Absicherung Berechnung
- Absicherung Versuch
- Werkzeuge
- Lieferanten/Einkauf
- Prototypen
- Vorserie/Hochlauf
- Erprobung

Der PEP ist besonders in der Automobilindustrie ein bedeutender Prozess und wird hier seit Jahrzenten angewendet. Die allgemeine Entwicklung bringt durch die vielfältigen Anforderungen (vgl. Abb. 1) aber auch in anderen Industriebereichen ähnliche Zwänge hervor, den Produktentstehungsprozess zur Steigerung der Effizienz und Effektivität stärker zu systematisieren.

Bis in die jüngere Vergangenheit hinein war der PEP vornehmlich ein an der Hardware orientierter Prozess, der über den Versuch an realen Bauteilen getrieben war. Auf dieser Basis kann das nötige Management von Anpassungen und krisenhaften Eingriffen nicht in der zur Verfügung stehenden Zeit erfolgen. Darüber hinaus ist die ausschließliche Orientierung an Hardware-Komponenten deutlich kostenintensiver als bei einer virtuellen Komponente. Ein weiterer Gesichtspunkt ist der Hardwareanteil an der Funktionalität eines Produktes. Sein Beitrag zur Gesamtfunktionalität ist in den letzten Jahren zugunsten eines höheren Softwareanteils gefallen.

Der steigende Individualisierungsgrad von Produkten hinsichtlich der Ausgestaltung spezieller Produktmerkmale macht es erforderlich, sehr kleine Losgrößen (im Extremfall nur ein einziges individuelles Produkt) wirtschaftlich fertigen zu können.

Zudem nimmt die Komplexität der Produkte stetig zu. Gleichzeitig steigt die Notwendigkeit, in immer kürzeren Zeiträumen neue Produkte zu entwickeln, so dass in der Folge auch die Entwicklungszeiten schrumpfen müssen. Um dies zu handhaben, werden produktreihenübergreifende **Baukastenprinzipien** (zum Beispiel der Modulare Querbaukasten MQK bei Volkswagen) angewendet, die sich durch wenige **Konstruktionsparameter** an ein anderes Produkt anpassen lassen. Zudem benötigt der Zusammenbau von Komponenten eine wohl definierte Anschlussgeometrie (zum Beispiel Flanschflächen bzw. Bördelnähte), die sich zwischen Produkten unterscheiden kann. In der Funktion als Verbindungsstelle bleibt sie aber erhalten und wird über alle betroffenen Komponenten automatisch angepasst. Man spricht von **assoziativer Konstruktion**.

Damit ist ein hohes Maß an Flexibilität auch in der Herstellung gefordert. Dies ist nur mit dem Einsatz einer flexibel regelbaren, „intelligenten" und sich selbst optimierenden Fertigung der **Industrie 4.0** möglich. In dieser Fertigungsform sind Bearbeitungsmaschinen sogenannte „**Cyber-Physische-Systeme**" (**CPS**). Es handelt sich um sehr günstige Chips bzw. Kleinstcomputer mit IT-Schnittstellen, die in Maschinen und Werkstücken eingebettet sind (Englisch: **Embedded Systems**). CPS können durch Sensoren und Aktoren Einflüsse ihrer Umgebung erfassen bzw. auf sie einwirken, untereinander über digitale Netze Informationen austauschen und Cloud-Dienste nutzen. Ein **intelligentes Produkt** (Englisch: Smart Product) verfügt als CPS über Kenntnisse der Produktionsschritte und der Qualitätsangaben zu seiner eigenen Herstellung. Es kann seine Produktion autonom steuern, indem es mit anderen CPS interagiert und Entscheidungen trifft.

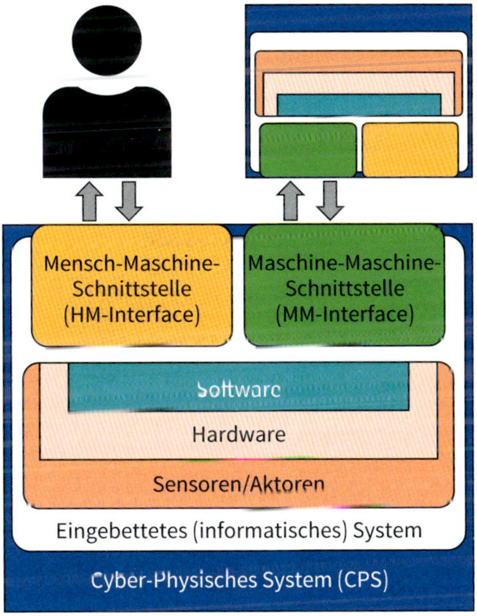

Abb. 3: Cyber-Physisches-System als Zwiebelmodell.

Auf die gleiche Weise erhalten **intelligente Produktionseinheiten** auch über sich selbst Informationen und tauschen diese mit

Anderen aus. So können zum Beispiel Bearbeitungseinheiten abhängig von dem zu ihnen gelangten Produkt aktiv werden und sich für das passende CNC-Programm entscheiden. Oder sie können in Kenntnis der Verfügbarkeit und der Maschinenzustände die Maschinenauslastung untereinander regeln.

1.2 Virtuelle Produktentwicklung

Der Produktentstehungsprozess ist ein integraler Bestandteil des **Produktlebenszyklus** (Abb. 4).

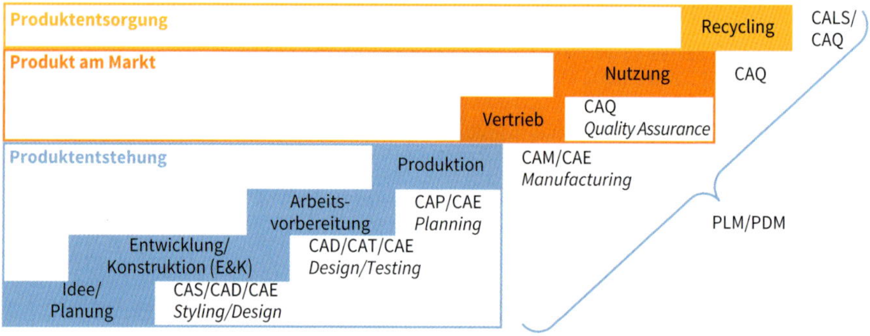

Abb. 4: Phasen im Produktlebenszyklus und spezifische Anwendungssoftware.

Das Produktleben umfasst jedoch nicht nur die Phasen der Produktentstehung. Hinzu kommen noch die Phasen der Produktnutzung und -entsorgung. Alle diese Phasen sind untereinander gekoppelt. Drei Beispiele:

1. Während Entwicklungskosten durchschnittlich nur einen geringen, ca. einstelligen Prozentanteil der Gesamtkosten eines Produktes verursachen, werden für das entwickelte Produkt weit über die Hälfte der Kosten für Material und Fertigung festgelegt [vgl. Neafe, P., 2006].

2. Bei der Notwendigkeit von Rückrufaktionen durch fehlerhafte Fertigung muss der betroffene Prozessschritt zurückverfolgt werden können. Die **Rückverfolgbarkeit** kann bei einem Unfallgeschehen auch rechtliche Konsequenzen nach sich ziehen.

3. Die recyclingfähigen Produkte setzten die Zerlegbarkeit in Komponenten und deren Wiederverwendbarkeit oder natürliche Zersetzbarkeit (zum Beispiel naturfaserverstärkte, verrottende Kunststoffe) voraus. Eine **recyclinggerechte Konstruktion** sieht dies methodisch voraus.

Kostenfestlegung, Rückverfolgbarkeit und recyclinggerechte Konstruktion stehen hier stellvertretend für die generelle **Phasenkopplung** im Produktlebenszyklus. Hinzu treten die bereits erwähnte individualisierte Produktvielfalt, die kürzer werdenden Entwicklungszeiten, die Komplexität und Wandelfähigkeit der PEP-Prozesse sowie der Zwang zum ressourcenschonenden Material- und Energieeinsatz (Abb. 5).

Ein weiterer Aspekt des Produktlebenszyklus ist, dass von der Produktidee bis zum Recycling Zeitspannen von gegebenenfalls ca. 30 Jahren gedacht werden müssen.

Diese Anforderungen und die historische Entwicklung haben gezeigt, dass dies nur mit einem konsequenten Einsatz von computergestützten Methoden zu bewerkstelligen ist. Diese computergestützten Methoden für die digitale Bearbeitung der Aufgaben in einer jeden Phase des Produktlebenszyklus werden zusammenfassend durch die Abkürzung **CA** (Englisch: Computer Aided) gekennzeichnet. Bisweilen wird die Abkürzung zu **CAx** ergänzt, um die Vielfalt der dadurch bezeichneten Softwaresysteme auszudrücken. Für die Anwendung in der Produktentstehung werden diese Programme nochmals unter den Begriff **CAE** („E“ für Englisch: Engineering) zusammengefasst. Dementsprechend verwendet man (vgl. Abb. 4)

- **CAS/CAD-Programme** zum Skizzieren von Entwürfen (Englisch: Styling)/ zur Geometrieerzeugung (Englisch: Design),
- **CAM-Programme** zur Programmierung von CNC-Fertigungsmaschinen (Englisch: Manufacturing),
- **CAP-Programme** für die Arbeitsvorbereitung und Kapazitätsplanung (Englisch: Planning),
- **CAQ-Programme** für die Qualitätssicherung (Englisch: Quality Assurance),
- **CAT-Programme** zur Erfassung und Auswertung von Messdaten (englisch: Testing),
- **CALS-Programme** zur Akquise- und Lebenszyklus-/Logistik-Unterstützung (Englisch: Acquisition and Logistic Support) und
- **CAE-Programme** zur Berechnung physikalischer (zum Beispiel mechanischer und elektrischer) Größen in und an Bauteilen.

Diese phasenspezifischen Methoden sind seit dem Beginn ihres Einsatzes einem steten Verbesserungsprozess unterworfen. Man kann das am Beispiel der Entwicklung von CAD-Tools erkennen, wie er sich seit den 1960er-Jahren vollzieht (Abb. 5). Der Begriff CAD wurde in den 1950er-Jahren vom MIT, dem Massachusetts Institute of Technology, USA, eingeführt. Zunächst wurde der Buchstabe D in CAD nur als „Zeichnen“ (Englisch: Drafting) verstanden. Damit wurde es möglich, den Zeichnungsschrank durch einen Datenspeicher zu ersetzten. Immerhin brachte das schon den Vorteil, dass bei Anpassungs- und Variantenkonstruktionen nicht bei Null begonnen werden musste, sondern die vorhandenen Zeichnungsstände einfach entsprechend editiert werden konnten. Das erste CAD-System wurde in Deutschland 1973 eingeführt. Es dauerte einige Jahrzehnte bis die heutigen 3D-fähigen und **parametrisch-assoziativen** CAD-Tools verfügbar waren.

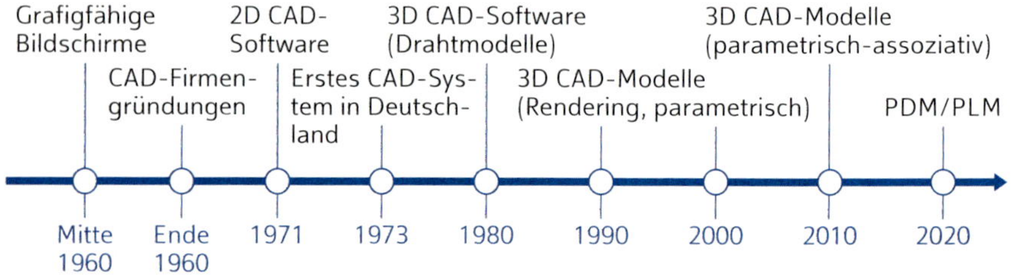

Abb. 5: Historische Entwicklung der CAD-Technik.

Grundlage dieser Entwicklung war die Bereitstellung der entsprechenden Computerhardware. Während der Entwicklung bis in die 1990er-Jahre hinein war die computergestützte Konstruktion nur mithilfe spezieller, entsprechend leistungsfähiger Hardware-Komponenten möglich. Dank der steten Steigerung der Rechenleistung von Computern (Abb. 6; vgl. Moore'sches Gesetz) und Ausgabegeräten ist eine 3D-Konstruktion heute auf gewöhnlichen PCs prinzipiell möglich. – Allerdings sind für die Aufgaben, die mit CAE-Programmen gelöst werden, auch heute große Rechenleistungen nötig –.

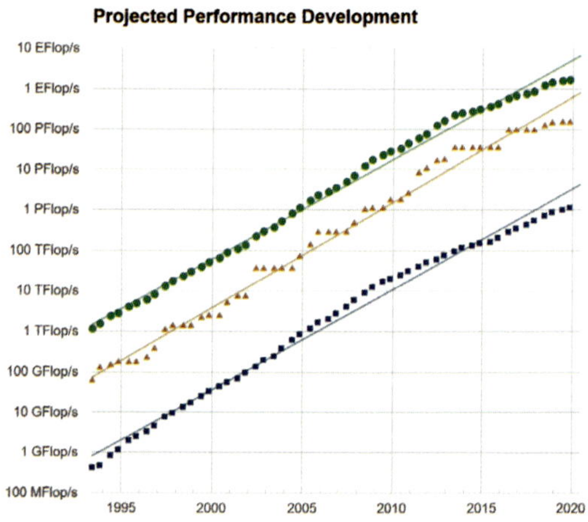

Abb. 6: Leistungssteigerung von Supercomputern seit 25 Jahren [TOP500].

Heute erfolgt die Konstruktion von Komponenten und Produkten vollständig digital. Ein aktueller Trend in der CAD-Systementwicklung ist die Automatisierung von Konstruktionsabläufen mittels anpassungsfähiger Konstruktionsvorlagen, sogenannter **Templates**, und **Makros**. Es ist jedoch mittlerweile ein Punkt erreicht, an dem die Weiterentwicklung von CAD-Tools nur noch eine geringe Aufwandsreduktion gegenüber Vorgängerversionen darstellt (Abb. 6). Die CAD-Tools stehen dabei stellvertretend für alle weiteren CA-Tools, die für die Verwendung in der jeweiligen Phase im Produktlebenszyklus digital und gut ausgereift sind.

Ein echter Effizienzgewinn kann in Zukunft also nur aus der Kopplung der einzelnen Phasen bestehen (Abb. 7). Notwendigerweise müssen dazu die Kommunikationsprozesse zwischen den Phasen verbessert und ebenfalls auf eine rein digitale Basis gestellt werden. Dazu ist es notwendig, eine übergeordnete Datenorganisation umzusetzen. Sie muss einen konsequent digitalen und durchgängigen, über alle Phasengrenzen hinweg funktionierenden Datenfluss ermöglichen. Diese Bestrebungen und informationstechnischen Umsetzungen werden als **Product Data Management** (**PDM**)- oder **Product Lifecycle Management** (**PLM**)-Anwendungen bezeichnet (Abb. 4 und 7).

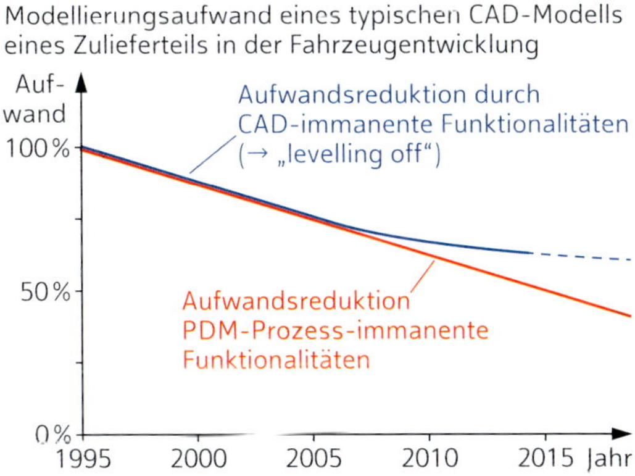

Abb. 7: Aufwandsreduktion durch CAD- und PDM-Prozessse [ViP, IAV].

Die so über PEP-Phasen hinweg organisierte, rein digitale Bearbeitung der Entwicklungsaufgaben mit CAE-Programmen bildet den **virtuellen Produktentstehungsprozess** (**ViP**) (Abb. 8). Ebenfalls gebräuchlich ist die Abkürzung **VPE**; im englischen Sprachraum wird die Bezeichnungen **VPD** für **Virtual Product Development** verwendet.

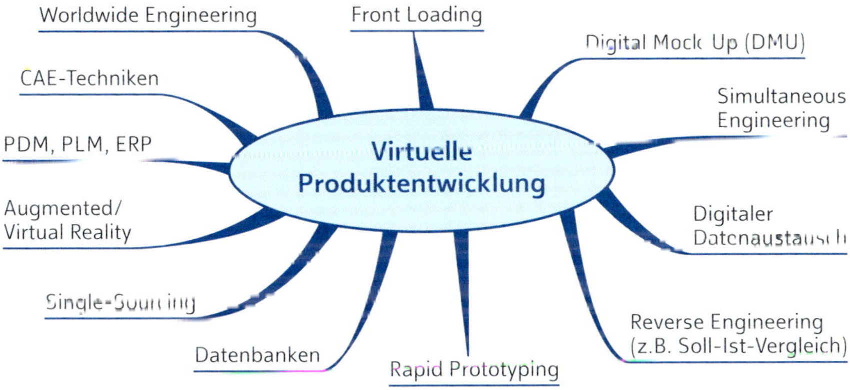

Abb. 8: Virtuelle Produktentwicklung durch virtuelle Technologien und Ingenieurleistungen.

Diese Form der Produktentstehung ermöglicht neue Arbeitsweisen und verwendet neue Technologien, wie sie die klassische, hardwaregetriebene, serielle Vorgehensweise nicht ermöglichte (Abb. 8). Daraus ergibt sich dank der digitalen Phasenkopplung eine **Effektivitäts- und Qualitätssteigerung**:

Digitaler Datenaustausch

Ein entscheidender Punkt für die PDM-Organisation der virtuellen Produktentwicklung ist die Weitergabe von Produktinformationen auf einer reinen, strengen und durchgängig digitalen Datenbasis. Es ist leicht vorstellbar, dass in einer Abteilung erarbeitete Datenstände einer phasenspezifischen CA-Software in Papierform an eine andere Abteilung weitergegeben werden. In dieser Abteilung werden sie dann wieder in die entsprechende CA-Software eingegeben. Diese papierförmige Schnittstelle (Englisch: Interface) führt also zu doppelter Arbeit und es gilt, sie unbedingt zu vermeiden. „Get rid of the paper interface!" ist daher ein Wahlspruch der virtuellen Produktentwicklung.

Ein Problem dabei ist die heterogene, vielfältige Softwarelandschaft. Alle CA-Werkzeuge müssen aber in der Lage sein, einen **offenen Datenaustausch** zu pflegen. Dazu wurden **neutrale Datenformate** erdacht. Dies ist die elementare Voraussetzung für die Anwendung von PDM-Systemen.

Single Sourcing

Ein Meilenstein für den Start der Tätigkeit nachfolgender Abteilungen kann die vollständige Bereitstellung und Freigabe von Konstruktionsdaten in einer **Datenbank** sein. Auf diese „**eine, gemeinsame Datenquelle**" können dann weitere phasenspezifische CA-Anwendungen zugreifen (zum Beispiel zur Berechnung (CAE), zur Arbeitsvorbereitung (CAP), zur Fertigung (CAM)).

Wechsel zwischen virtueller und realer Welt (Mixed Reality)

Die bereitgestellten digitalen Daten aller Komponenten eines Produktes schaffen die Gelegenheit, das komplette Produkt virtuell zusammenzubauen (**Digitaler Prototyp**, **Digital Mock-Up**). Unerwünschte Kollisionen, mangelnder Bauraum und ungleiche Anschlussflächen beim Zusammenbau werden überprüfbar und können ohne reale Teile behoben werden. Mit den Techniken der **virtuellen Realität** (**VR**) kann man in die Produkte mittels einer Projektion eintauchen und sie durch Feedbacks real erfahrbar machen („**Immersion**").

Ebenso ist es möglich, durch entsprechende Projektionstechniken die reale Welt mit digitalen Komponenten anzureichern (erweiterte Realität; Englisch: **Augmented Reality** (**AR**)). So werden virtuelle Bauteile in einer realen Einbauumgebung sichtbar (Abb. 9). Realwelt- und AR-Anteile können stark variieren; man spricht dann allgemeiner von gemischter Realität (**Mixed Reality**).

Durch **3D-Druck** können von nur virtuell vorhandenen Produkten direkt reale Anschauungsmodelle (**Rapid Prototyping** (**RP**)) oder gar Funktionsteile ohne weiteren Fertigungsschritt erzeugt werden.

Abb. 9: Virtuelle Komponenten (blaue Färbung) in realer Umgebung.

Umgekehrt können reale Bauteile durch einen 3D-Scan (zum Beispiel mit Photogrammmetrie bzw. Laserscannern) wieder in eine digitale Form gebracht werden (**Reverse Engineering**). Diese Scans stehen dann zum Vergleich mit den digitalen Modellen zur Verfügung und lassen die Abweichungen zum Sollzustand messbar werden (**Soll-Ist-Vergleich**).

Simultaneous Engineering

Stehen Daten als Single Source zur Verfügung, ist nicht nur sichergestellt, dass alle weiteren Prozessschritte gleiche Datenqualität haben, sie ermöglichen auch die gleichzeitige Weiterverarbeitung durch die nachfolgenden Schritte im Vi-Prozess. So kann auf einem freigegebenen Datenstand parallel die Absicherung durch Berechnung, die Fertigungsprogramme für CNC-Maschinen bzw. Gießsimulationen und die Produktionsplanung vorgenommen werden.

Weltumspannendes Engineering

Die Ressource „Tagesarbeitszeit“ ist durch die menschliche Kapazität und den Gesetzgeber beschränkt. Auch wenn dies für jedes Land der Erde gilt, ist aufgrund der Zeitverschiebung rund um den Globus eine verteilte Arbeitszeit über 24 Stunden ununterbrochen plausibel. So kann eine CAD Konstruktion in Deutschland begonnen werden, nach 8 Stunden an einen Kollegen in Denver, USA, als digitaler Datenstand übergeben werden und schließlich ein weiteres Mal an einen Konstrukteur in Tokio, Japan weitergereicht werden. (Man versuche dieses Prinzip mit Papierzeichnungen!) Das Gleiche gilt für die anderen CAE-Techniken generell genauso.

Frontloading

Es besteht das Interesse, möglichst frühzeitig eine Absicherung von Produkt- oder Prozesseigenschaften sicherzustellen. Dieses Bestreben wird als Frontloading bezeichnet. Gelingt es, eine Absicherung in eine frühere Phase des PEP zu verlegen, so ist das ein immenser Effektivitätsgewinn. Die Ergebnisse liefern dann über kurze Regelkreise ein Feedback für Produktänderungen.

Als ein Beispiel kann die „konstruktionsnahe Berechnung" angeführt werden. Hier kann der Konstrukteur eine einfache Festigkeitsberechnung eines mechanischen Bauteils auf Basis eines elastischen Materials durchführen, um kritische Spannungsbereiche zu identifizieren. Dabei wird die Mechanik des Bauteiles zwar nicht gänzlich erfasst, die Berechnung liefert jedoch eine Tendenz-Aussage. Die Ergebnisse können auch die Basis zur Variantenauswahl bilden.

CAE-Anwendungen

CAE-Techniken sind sämtliche rechnergestützten Ingenieurleistungen des virtuellen Produktentstehungsprozesses (Abb. 10). Auf ihnen basiert der Weg, um Funktions- und Fertigungsanforderungen durch Berechnungsmethoden und Simulationsverfahren in Computern in abgesicherte Produkteigenschaften fertigungsgerecht umzusetzen. Jedes der angewendeten CAE-Simulations- und Berechnungsverfahren hat seine eigene geschichtliche Entwicklung durchlaufen (s. o. Beispiel CAD) und sich für bestimmte Disziplinen etabliert:

- **Computer Aided Desing** (**CAD**) ①
  CAD-Methoden finden ihre Anwendung in der Erzeugung von Bauteilen auf Basis von Linien-, Flächen- und Volumengeometrie.

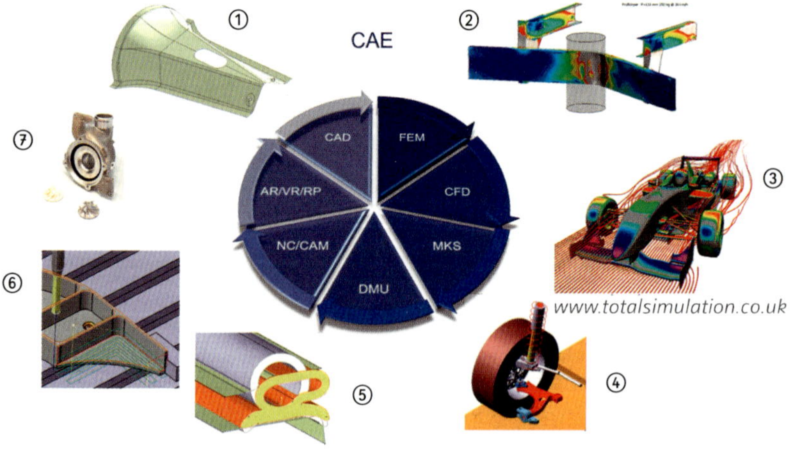

Abb. 10: Beispiele für CAE-Techniken der virtuellen Produktentwicklung.

- **Finite-Elemente-Methode (FEM) ②**
  FEM ist ein Verfahren zur Berechnung von statischen und dynamischen Gleichgewichten für physikalische Größen (mech. und elektrische Spannungen, Verschiebungen, Temperaturen, elektromagnetische Felder etc.)
- **Computational Fluid Dynamics (CFD) ③**
  CFD fasst die Verfahren zusammen, die auf die Berechnung von Strömungen abzielen.
- **Mehrkörpersimulation (MKS) ④**
  Mehrkörpersimulationen kommen bei der dynamischen Simulation von Mechanismen wie Getrieben, Radaufhängungen, Fahrzeugen zur Anwendung.
- **DMU ⑤ und AR/VR/RP ⑦**
  DMU ist der virtuelle Zusammenbau (das Fügen) von Produktkomponenten (Beispiel in Abb. 10: Türdichtung in Konstruktions- und Einbaulage, Kinematik von gelenkig verbundenen Bauteilen).
  AR/VR/RP sind die oben beschriebenen Methoden zum Wechsel zwischen virtueller Realität und analoger Wirklichkeit.
- **Computer Aided Manufactoring (CAM)/Numerical Control (NC) ⑥**
  Unter diesen Begriffen sind die Methoden zusammengefasst, die aus CAD-Daten Steuerprogramme für Dreh- und Fräsmaschinen ableiten.

Durch diese CAE-Techniken können prinzipiell alle Aufgabenstellungen der virtuellen Produktentstehung beherrscht werden. Tabelle 1 liefert eine unvollständige Liste der Themen:

Themen	Aufgabe/Fragestellungen
Akustik	Schallausbreitung, Schalldurchgang
Dynamik	Schwingformen, Übertragungsverhalten, zeitabhängiges Verhalten, dyn. Kräfte
Statik	Spannungen, Deformationen, plastische Umformvorgänge, Umformkräfte und -energien
Crashsimulation	Deformationen, Energie und Beschleunigung beim Aufprall
Fahrwerk	Radstellung, dyn. Kräfte und Energien, Radlasten, Komfort
Gießen	Füllvorgang, Erstarrung, Temperaturverteilung, Porosität, Faserausrichtung
Strömungen	Geschwindigkeit und Druck, Wärmeübergänge, laminare und turbulente Strömungen, Verbrennung
NC-Prozesse	Fräspfade, Abtrag und Zeiten der Zerspanung
Umformtechnik	Tiefziehen, Strangpress-Vorgänge
Elektrotechnik	Elektromagnetische Felder und Verträglichkeit, Elektrostatische Felder, Schaltungssimulation, Bordnetze

Tabelle 1: Themen und Aufgabenstellung in der ViP

Die sich abzeichnende Produktentwicklung der Zukunft wird zunehmend komplexer und interdisziplinärer, so dass kein Weg an der vollständigen Umsetzung der virtuellen Produktentwicklung mehr vorbei geht.

Weiterführende Literatur

[1] IAV GmbH (Hrsg): „Virtuelle Produktentwicklung“. Vogel Buisiness Media GmbH, Würzburg, 2013

[2] Westkämper, E. et al. (Hrsg.): „Digitale Produktion“. Springer Vieweg, Berlin/Heidelberg, 2013

[3] Eigner, M. et al. (Hrsg.): „Modellbasierte Virtuelle Produktentwicklung“. Springer Verlag, Berlin/Heidelberg, 2014

[4] Westkämper, E.; Löffler, C.: „Strategien der Produktion. Technologien, Konzepte und Wege in die Praxis“. Springer Vieweg, Berlin/Heidelberg, 2016

[5] Vajna, S. et al.: „CAx für Ingenieure. Eine praxisbezogene Einführung“. 3. Auflage, Springer Vieweg, Berlin/Heidelberg, 2018

[6] Eigner, M.; Stelzer, R.: „Product Lifecycle Management“. 2. Auflage, Springer Verlag, Berlin/Heidelberg, 2009

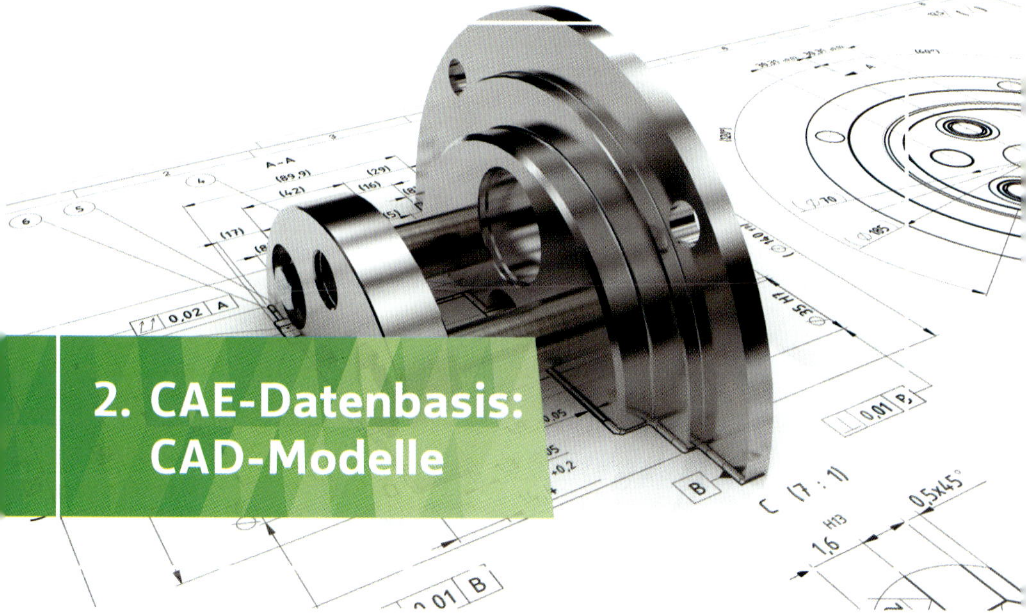

2. CAE-Datenbasis: CAD-Modelle

2.1 Modellbildung

Die Modellbildung ist ein entscheidender Schritt zum Verständnis der physikalischen Welt und eine ingenieurwissenschaftliche Methode. In der virtuellen Produktentwicklung werden Modelle für die Produkte und die zu ihrer Produktion nötigen Prozesse unterschieden. Für die überwiegende Zahl der physikalischen Modelle bildet ein geometrisches Modell den Ausgangspunkt. Diese Modelle werden mittels CAD-Methoden erstellt. Das Konstruieren dieser Modelle ist in der **VDI-Richtlinie 2221** geregelt, die Erzeugung von Produktmodellen entnimmt man der **VDI-Richtlinie 2209**.

Ziel der digitalen, geometrischen Modellierung ist – neben der geometrischen Repräsentation eines Bauteils – die Schaffung der Möglichkeit zur **Simulation** mit weiteren CAE-Methoden. Nach VDI-Richtlinie 2209 ist die Simulation die Nachbildung technischer Systeme mit (virtuellen bzw. realen) Modellen und dem Ziel, Aussagen über die originalen Systeme tätigen zu können (indirekter bzw. direkter Lösungsweg). Unter einem **technischen System** versteht man dabei eine „[...] Gesamtheit von der Umgebung abgrenzbarer (Systemgrenzen), geordneter und verknüpfter Elemente, die mit dieser durch technische Eingangs- und Ausgangsgrößen in Verbindung stehen [...]" [VDI-Richtlinie 2221].

Geometrische Modelle

Virtuelle Geometriemodelle werden im CAD-System mithilfe der geometrischen Modellierung von Punkten, Linien, Kurven, Flächen und Volumina auf Basis mathematischer Beschreibungen konstruiert. Diese elementaren Erzeugungsmethoden werden durch Anwendung von Parametern, Features und Assoziativität erweitert. Eine detaillierte Beschreibung der Optionen und Vorgehensweisen werden im nächsten Abschnitt erläutert.

(Mechanisch-)Physikalische Modelle

Physikalische Modelle geben Aufschluss über die inneren Größen eines Systems (mechanische oder elektrische Spannungen, Temperaturen etc.) als Folge von Einwirkungen aus der Umgebung (äußere Kräfte, elektrische Ladungsverteilungen, Wärmeströme etc.) bzw. als Ursache für Einwirkungen in der Umgebung.

Abb. 11: Hierarchie dynamischer Fahrzeugmodelle.

Die physikalische Modellbildung ist immer von der Frage abhängig, zu welchem Zweck die Modelle dienen sollen (Abb. 11). Am Beispiel eines dynamischen Fahrzeugmodells kann dies verdeutlicht werden:

Stehen Fragen nach dem Kraftstoff- oder Energieverbrauch, die Bemessung von Serviceintervallen und die aktuell gefahrene Geschwindigkeit im Vordergrund, ist die Betrachtung einer **Punktbewegung** (hier: der Schwerpunkt) und die dort angenommene Gesamtmasse des Fahrzeugs (erster Punkt in Abb. 11) ausreichend für die Modellierung. Sämtliche Geometrieinformationen des Fahrzeugs selbst sind irrelevant. Stellt sich die Frage nach der Auslegung von Fahrwerkskomponenten bzw. dem Komfort im Fahrzeug, werden sogenannte **Mehrkörpermodelle** bzw. -systeme (**MKS**, Englisch: **Multi Body Systems**, (**MBS**)) genutzt (zweiter Punkt Abb. 11). Die einzelnen Komponenten sind starre, massenbehaftete Gebilde.

Für jede reale Systemkomponente gibt es einen mechanisch abstrakten Repräsentanten im Modell (Abb. 12).

Sie sind über Gelenke sowie Kraft- und Stellglieder beweglich miteinander verbunden (Abb. 13). Geometrieinformationen sind zum Beispiel in Form von Gelenkabständen und Winkellagen der Komponenten zueinander sowie der geometrisch verteilten Masse von Bedeutung.

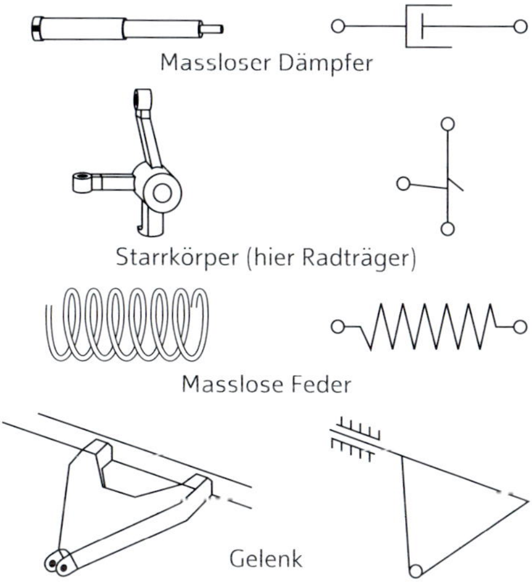

Abb. 12: Radaufhängung, reale Bauteile (links) und Modellsymbole (rechts).

Sucht man nach Aussagen zum Schwingungs-, Geräusch- oder Crashverhalten von Komponenten, muss das mechanische Verhalten kontinuierlich im Inneren der Gebilde analysiert werden. Dazu müssen die Komponentengeometrie selbst und die geometrisch darin verteilten mechanischen, elastischen und plastischen Materialeigenschaften an jeder Stelle bekannt sein. Zu diesem Zweck werden **Finite-Elemente-Modelle** (**FEM-Modelle**) auf Basis von geometrischen Modellen erstellt.

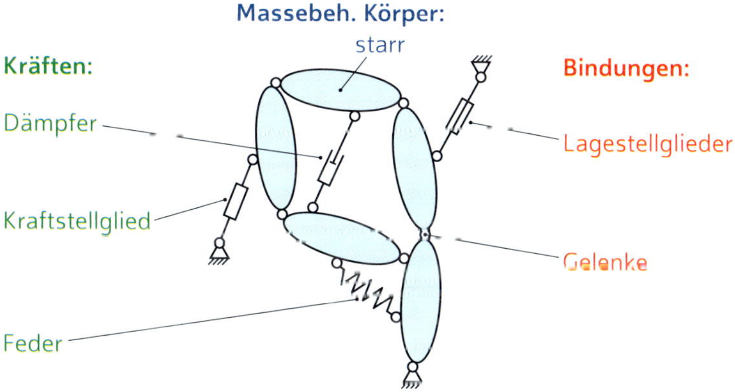

Abb. 13: Mehrkörpermodell aus Starrkörpern, Bindungen und Kräften.

Vergleicht man nach Abbildung 11 die drei Modellierungen eines Fahrzeugs von 1) nach 3), stellt man fest, dass die Komplexität des Modells und die Annäherung an die Realität zunehmen. Umgekehrt betrachtet erfordert die Modellbildung ein stufenweise höheres Maß an Abstraktion. In dieser Abstraktion mit dem Ziel einer gewünschten Aussage liegt ein großer Teil der Ingenieurleistung.

Analytische bzw. mathematische Modelle

Die ingenieurwissenschaftliche Modellbildung hat stets die Absicht, die erarbeiteten, physikalischen Modelle mithilfe von mathematischen Gleichungen abzubilden. Den „**Dreischritt**“ dieser **Modellbildung** zeigt Abbildung 14. Diese virtuellen Gleichungen beschreiben alle Wechselwirkungen des originalen Produktes und seiner Komponenten untereinander und mit der Umgebung. Sind die Verhältnisse einigermaßen einfach, gelangt man zu **analytischen Gleichungen**, die mit einer Handrechnung zu bewältigen sind. In allen anderen Fällen werden diese Gleichungen mithilfe von **CAE-Tools** berechnet. Dabei wird das jeweilige System-Modell aus den Geometrie-Daten erstellt und die Austauschgrößen mit der Umgebung eingegeben. Die zugrunde liegenden Gleichungen sind in den CAE-Tools immanent hinterlegt und tauchen in der Anwendung der Software gar nicht explizit auf.

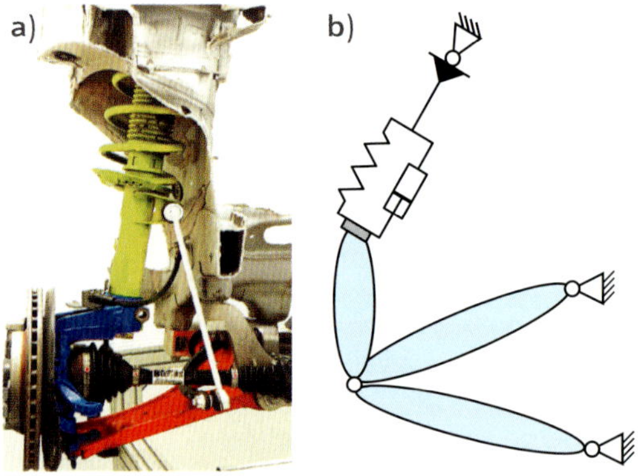

c)

$$\hat{M}\,\hat{a} - B^{\mathrm{T}}\,\hat{f}^{\mathrm{p}} = \hat{f}^{\mathrm{ec}}$$

$$\begin{bmatrix} \hat{M}_1 & 0 & 0 \\ 0 & \hat{M}_2 & 0 \\ 0 & 0 & \hat{M}_2 \end{bmatrix} \begin{bmatrix} \hat{a}_1 \\ \hat{a}_2 \\ \hat{a}_3 \end{bmatrix} - \begin{bmatrix} E & -B_{21}^{\mathrm{T}} & 0 \\ 0 & E & -B_{32}^{\mathrm{T}} \\ 0 & 0 & E \end{bmatrix} \begin{bmatrix} \hat{f}_1^{\mathrm{p}} \\ \hat{f}_2^{\mathrm{p}} \\ \hat{f}_3^{\mathrm{p}} \end{bmatrix} = \begin{bmatrix} \hat{f}_1^{\mathrm{ec}} \\ \hat{f}_2^{\mathrm{ec}} \\ \hat{f}_3^{\mathrm{ec}} \end{bmatrix}$$

Abb. 14: a) reale Radaufhängung, b) Mehrkörper-Modell und c) mathematische Beschreibung.

2.2 CAD-Konstruktion mechanischer Produkte (M-CAD)

CAD-Programme lassen sich in 2D- und 3D-CAD-Systeme einteilen. **2D-CAD-Systeme** basieren auf der vektoriellen Geometriebeschreibung und vollziehen das Vorgehen am Zeichenbrett nach. Sie eignen sich zum Anfertigen technischer Zeichnungen über Punkte, gerade Linien, Linienzüge (Polylinie) und Kreisbögen sowie Freiformkurven. Zudem können ebene Flächen, Schraffuren und Bemaßungsangaben erzeugt werden (Abb. 15).

Die in der virtuellen Produktentwicklung eingesetzten CAD-Anwendungen sind allerdings stets dreidimensional (**3D-CAD-Systeme**). Die Verfahren und Werkzeuge werden unter anderem in der VDI-Richtlinie 2209 beschrieben. Die **geometrische Modellierung** von 3D-CAD-Objekten gründet sich in mathematische Beschreibungen von Geometrie-Elementen durch Gleichungen. Grundlegend sind dabei natürlich auch niederdimensionale Geometrieelemente wie Punkte, ebene sowie räumliche Linien und Flächen. Wichtig dabei ist die möglichst einfache und exakte mathematische Beschreibung dieser Objekte. Diese Mathematik ist für den Benutzer im Umgang mit der CAD-Software nicht sichtbar.

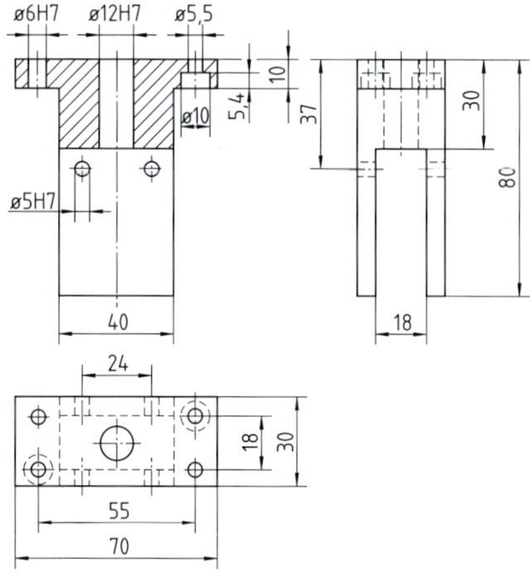

Abb. 15: 2D-Darstellung einer Geometrie („Zeichnung").

Linien- oder Drahtmodellierung (Englisch: Wireframe Modeling)

Linienmodelle einer Fläche oder eines Volumens bestehen ausschließlich aus Linien. Linien sind entweder als **analytische Geometrie** gegeben, wie zum Beispiel Strecken und **Kegelschnitte** (Kreise, Kreisbögen, Ellipsen, Hyperbeln und Parabeln) bzw. 3D-Raumkurven wie eine **Helix** (Schraubenlinie), oder sie sind **Näherungsgeometrie**, wie dies bei **Freiformkurven** der Fall ist. Freiformkurven sind verschiedene **Spline**-Arten wie zum Beispiel **Hermite-Spline**, **Bezier-Spline** oder **Basisspline**-Kurven (Abb. 16). Der englische Begriff „Spline" kommt aus dem Schiffsbau und bezieht sich auf die gekrümmten Linien der Beplankung von Holzbooten (Deutsch: „**Strak**").

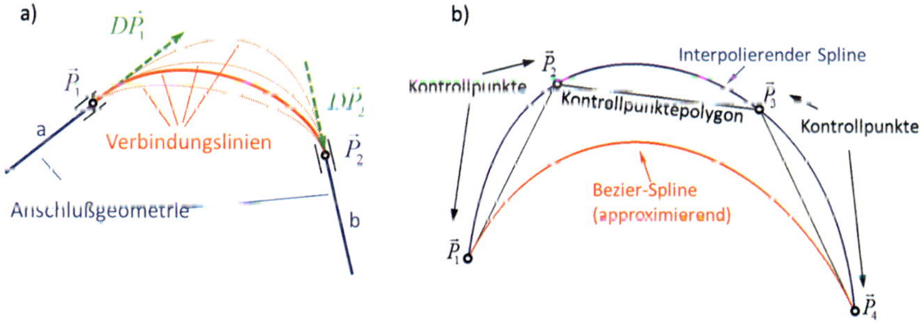

Abb. 16: Freiformkurven. a) Verbindungslinie $\overrightarrow{P}_1\overrightarrow{P}_2$ (Hermite-Spline) und b) interpolierender und approximierender (Bezier-)Spline.

Der Hermite-Spline schafft eine stetige (von $\vec{P}_1$ nach $\vec{P}_2$) und richtungstreue (von $D\vec{P}_1$ nach $D\vec{P}_2$) Verbindung (rote Kurven) zwischen zwei Anschlusskurven (blau, Abb. 16 a). Wie weit die Richtung der Anschlussgeometrie beibehalten wird, regelt die **Tangentialspannung**. Spline-Kurven können eine durch **Kontrollpunkte** bestimmte Linie bilden, die durch die Punkte hindurch geht; man spricht vom **interpolierenden Spline**. Andere Spline-Kurven nähern sich nur den Kontrollpunkten an (**approximierende Splines**).

Werden nur Linien zur Volumenbeschreibung verwendet, ist das Ergebnis nicht eindeutig; weder bezüglich des „Inneren“ und „Äußeren“ der Geometrie sowie der vorderen und hinteren Bereiche, noch bezüglich des gekrümmten oder ebenen Verlaufs der Begrenzungsflächen.

Flächenmodellierung (Englisch: Surface Modeling)

Auch Flächenmodelle können analytisch definiert werden. Das gilt zum Beispiel für Ebenen, Kegel-, Zylinder- oder Kugelmantelflächen. Oder sie sind durch einfachen Erzeugungsvorschriften gegebene Regelflächen (Dreieck, Rechteck, Polygon, u.a.m.). Durch die Kombination von Freiformkurven, in zwei unterschiedlichen Richtungen aufgetragen, entstehen **Freiformflächen** (Abb. 17).

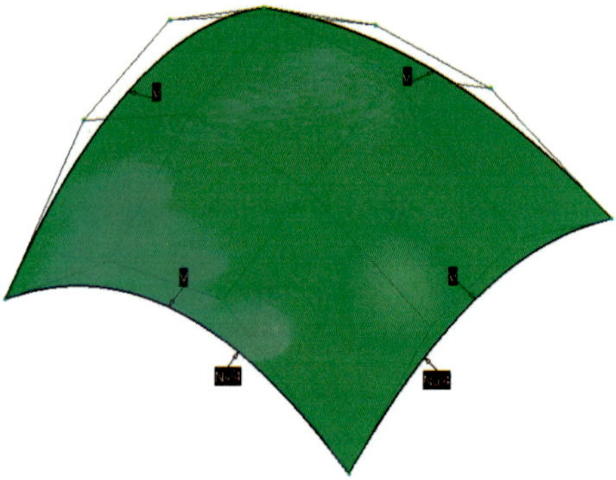

Abb. 17: Freiformfläche (Bezier-Fläche) mit Kontrollpunktenetz.

Flächen können zu Flächenverbänden zusammengefügt werden. Da die mathematische Modellierung von Flächen sehr unterschiedlich sein kann, ist die Flächenkombination nicht einfach. Man muss diese Verknüpfung gesondert beschreiben.

Bei Flächen kann eine Oberseite von einer Unterseite unterschieden werden. Hat man mehrere Flächen verknüpft, muss auch der Verband eine Ober- und Unterseite haben. Dennoch fehlt zur Definition eines Volumens noch die Kenntnis über Innen und Außen.

Für manche Anwendungen (zum Beispiel graphische Darstellung auf dem Bildschirm, DMU, Kinematik, FEM) sind die mathematisch aufwendigen Beschreibungen von Freiformflächen nicht geeignet. Dann wird die Oberfläche der Volumina in Dreiecke oder Vierecke zerlegt. Man spricht von **Tesselierung** (Lateinisch: Tessela = Mosaikstein, Abb. 18 b). Dazu gibt es schnelle, angepasste Algorithmen.

Abb. 18: a) Geometrie, b) Tesselierung der Oberfläche, c) Zellen-Modell des Volumens.

Volumenmodellierung (Englisch: Solid Modeling)

Zur Modellierung von CAD-Volumina können verschiedene Strategien verfolgt werden. Immer muss dabei Innen und Außen eindeutig gegeben sein. In der Literatur unterscheidet man kategorisch **generative** von **akkumulativen Modellen**. Eine Möglichkeit der akkumulativen Modellierung ist das sogenannte (**Binary Cell-**) **Decomposition Modeling** (Abb. 18 c und Abb. 19, Deutsch: Binärzell-Modell).

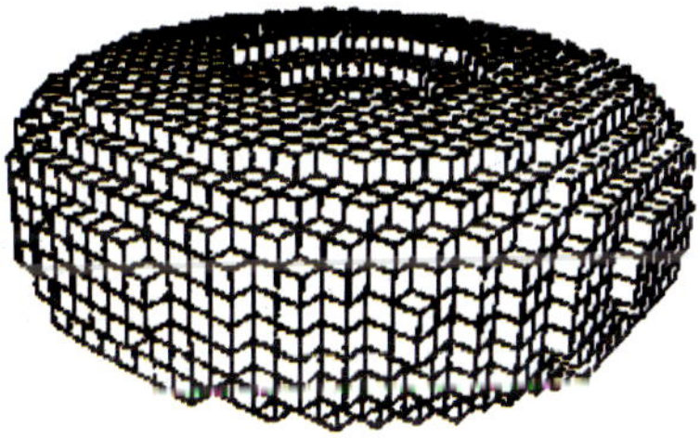

Abb. 19: Torus als Binärzell-Modell.

Ein Binärzell-Modell (Abb. 19) besteht aus gleich großen Quadern, die in Anlehnung an die Bezeichnung für die Auflösung von Graphikdateien (Pixel) hier Voxel genannt werden. Ob ein Voxel zu einem Volumen gehört oder ob nicht entscheidet sich daran, ob mehr als 50 % des Voxel-Volumens innerhalb der Geometrie liegt oder nicht. (Das entspricht dem Aufbau von Volumen mit „Lego-Steinen".) Diese Art der Volumenmodellierung ist nicht geeignet für stetig verlaufende Berandungsflächen einer Freiformgeometrie, findet aber in manchen Berechnungsmethoden der CAE-Tools seine berechtigte Anwendung.

Eine zweite, generative Möglichkeit der 3D-Bauteilmodellierung ist die **CSG-Methode** (Englisch: **Constructive Solid Geometry**). Ein Bauteil entsteht dabei aufgrund der Kombination mehrerer Volumenkörper, zum Beispiel aus mathematisch einfach erzeugbaren Volumen (Zylinder, Quader, Kugel), die man als **Volumenprimitive** bezeichnet; oder es entsteht durch bereits auf anderem Wege generierte Volumenkörper. Die Kombination erhält man aus ihren logischen Verknüpfungen mithilfe sogenannter **Boolescher Operationen** (Abb. 20). Dabei kann zum Beispiel aus zwei Volumenkörpern durch Vereinigung der Volumina ein neues Bauteil gebildet werden (Abb. 21). Ebenso können alle gemeinsamen Volumenpunkte als die Schnittmenge zweier Volumina definiert werden. Die Verschaltung mehrerer solcher Operationen eröffnet die Möglichkeit zur Konstruktion beliebiger Geometrie (Abb. 21 a). Zusätzlich zu der Speicherung von Geometrieelementen muss ebenfalls die Datenstruktur (Abb. 21 b) mit abgespeichert werden, um die Konstruktionsgeschichte zu dokumentieren. Sie liefert also den **topologischen Zusammenhang** der Konstruktion. Die Datenstruktur ist maßgeblicher Teil der Konstruktion und wird mit den Geometriedaten als **Strukturbaum** in der Bauteildatei abgespeichert. Diese Methode wird vornehmlich für die Konstruktion von einfachen Maschinenteilen eingesetzt.

Es gibt eine weitere akkumulative Konstruktionsmethode, die auf einer Flächenkonstruktion beruht.

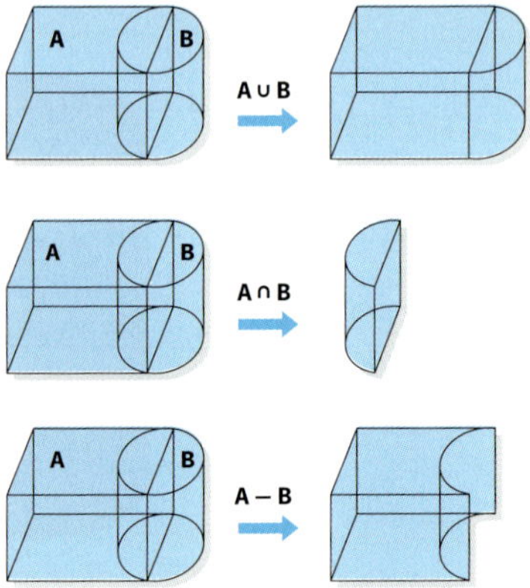

Abb. 20: Boolesche Operation: Vereinigung, Schnitt, Differenz.

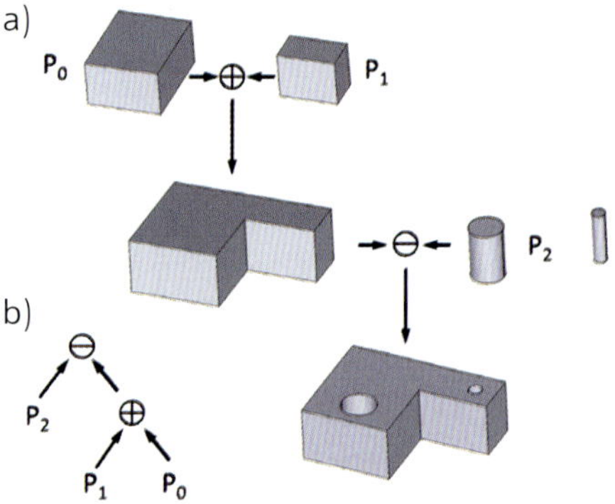

Abb. 21: a) CSG-Metode zur Konstruktion von Bauteilen. b) Dazu nötige Datenstruktur.

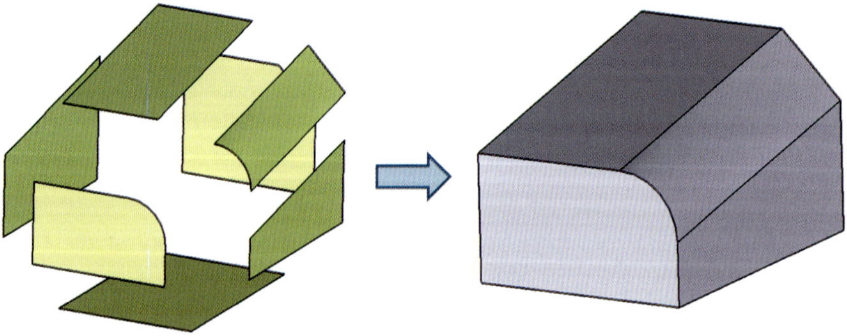

Abb. 22: B-Rep-Methode zur Konstruktion von Bauteilen. Links: Berandungsflächen. Rechts: Zum Volumen zusammengefügte und geschlossene Flächen.

Bei komplizierteren Bauteilen, die aus geschwungenen bzw. mehrfach gekrümmten Begrenzungsflächen zusammengesetzt („vernäht") sind, spricht man von der **Boundary Representation-Method** oder kurz **B-Rep-Methode** (bzw. **BREP**). Dazu müssen die Nachbarschaftsbeziehungen aller Flächen zueinander lückenlos definiert sein. Zudem muss die Oberseite aller Flächen außen liegen. Die Oberseite einer Fläche kann dadurch kenntlich gemacht werden, dass ein senkrecht auf der Fläche stehender Pfeil (der „**Normalenvektor**") von ihr weg zeigt (Abb. 23). Zeigen in einem Flächenverband alle Normalenvektoren nach Außen, ist das Innere eindeutig und somit auch das Volumen definiert (Abb. 23).

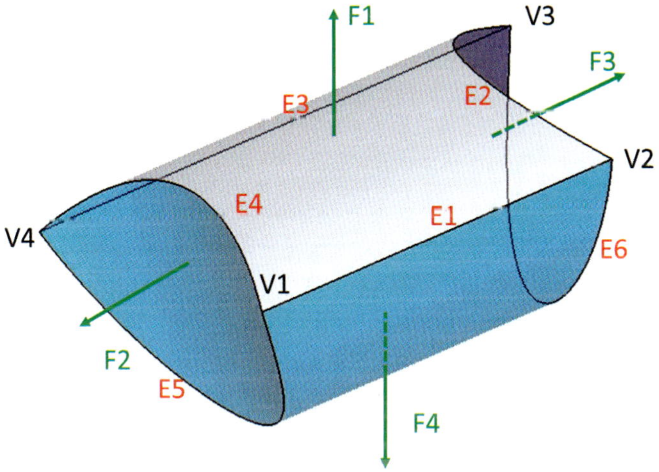

Abb. 23: B-Rep-Volumen aus vier Flächen mit Eckpunkten, Kanten, Flächen und Normalenvektoren.

Für die Ausrichtung des Normalenvektors gilt die **Rechte-Hand-Regel** (wie bei Magnetfeldern um einen stromdurchflossenen Leiter) (Abb. 24). Demnach zeigt beim Umfassen des Normalenvektors der Daumen in dessen Richtung. Die Finger zeigen dann an, mit welchem Umlaufsinn die Kanten durchlaufen werden müssen, damit die Flächenoberseite außen liegt.

Man kann also durch den Umlaufsinn der Kanten einer Fläche ihre Oberseite festlegen (entgegen dem Uhrzeigersinn). Das nutzt man bei der B-Rep-Methode für die Volumendefinition aus. Dabei definiert man das Volumen aus seinen Eckpunkten, Kanten und Flächen über eine Flächen- und Kanten-Tabelle (s. nächste Seite):

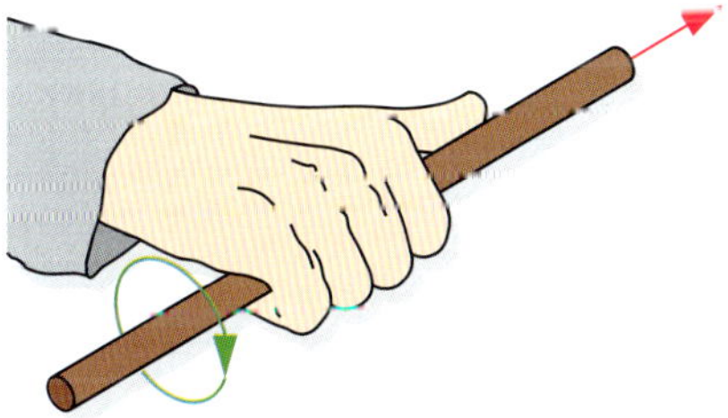

Abb. 24: Rechte-Hand-Regel.

Flächentabelle		Kantentabelle	
Fläche	Kanten	Kante	Eckpunkte
F1	E1 E2 E3 E4	E1	V1 V2
F2	E4 E5	E2	V3 V2
F3	E2 E6	E3	V3 V4
F4	E1 E5 E3 E6	E4	V1 V4
–	–	E5	V4 V1
–	–	E6	V2 V3

Tabelle 2: Flächen- und Kantentabelle für das B-Rep-Volumen in Abb. 23.

Diese tabellarische Art der B-Rep-Definition ist die denkbar einfachste. Eine andere Art der B-Rep-Definition ist die **Half-Edge-Structure**, bei der die Reihenfolge jeweils dreier Randkanten vorgegeben ist und jede Kante zweimal durchlaufen wird. Es gibt weitere Wege, ein B-Rep-Volumen zu definieren, auf die aber hier nicht näher eingegangen werden soll.
In modernen CAD-Systemen sind heute die CSG- und B-Rep-Modelle nebeneinander möglich. Das wird als Hybrid-Modellierung bezeichnet.

Skizzenbasierte Konstruktion

In 3D-CAD-Systemen gibt es weitere, generative Volumenkonstruktionsmethoden, die Volumen analog zu einem Produktionsverfahren erzeugen. Es kann zum Beispiel mit (Schnitt-) Konstruktionen auf zweidimensionalen, ebenen, geschlossenen Profilen (sogenannten **Skizzen**) **basierende** 3D-Geometrie als **Volumenkörper** erstellt werden.

Aus einer Skizze entsteht ein Volumenkörper, zum Beispiel ein Profilkörper durch den Auszug einer Skizze längs einer Geraden oder um eine Drehachse im Raum (Abb. 25). Diese Art der Volumenerzeugung wird als **Extrusionsmethode** (Englisch: **Sweeping**) bezeichnet. Die Extrusionsmethode ist nicht auf den in Abbildung 25 dargestellten geraden und kreisförmigen Austrag beschränkt. Man kann dies auch mithilfe längs vorgegebener Raumkurven tun.

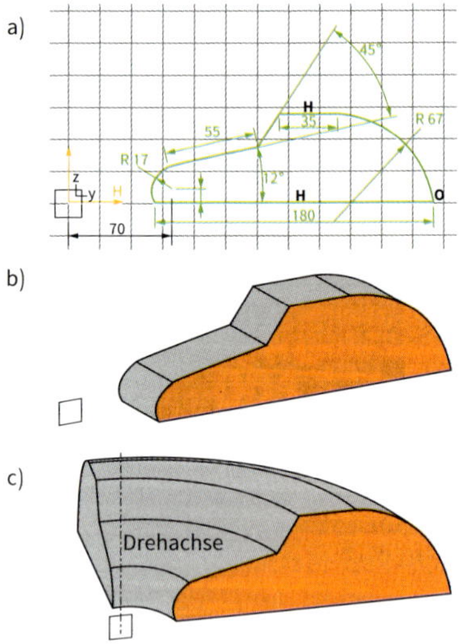

Abb. 25: Profilskizze a) sowie Profilkörper durch geraden b) und gedrehten c) Auszug.

Die **Bemaßung** (Winkel- und Längenangaben) des Querschnitts erfolgt bezüglich eines Koordinatensystems in der Skizzenebene (H- und V-Richtung in Abb. 25 a und Abb. 26). Das **skizzenbasierte Erzeugen** eines **CAD-Objektes** kann mit den in der Abbildung 26 gezeigten vier Schritten geschehen:

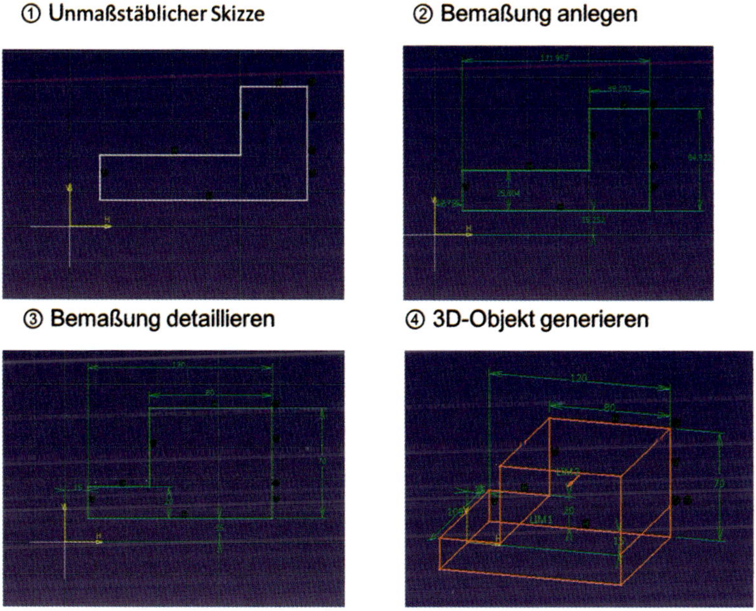

Abb. 26: Auf Skizzen basierende Konstruktion. Vorgehen beim Bemaßen.

In der Skizzierer-Umgebung wird zuerst die Form des Profils wie eine Handskizze ohne Maßstäblichkeit ungenau erstellt ①. Anschließend werden die Bemaßungslinien angebracht ②. Die dargestellten Maßzahlen sind die der Handskizze. Im nächsten Schritt werden die Maße des zu konstruierenden Objektes eingetragen ③. Schließlich kann das 3D-Objekt extrudiert werden ④.

a)

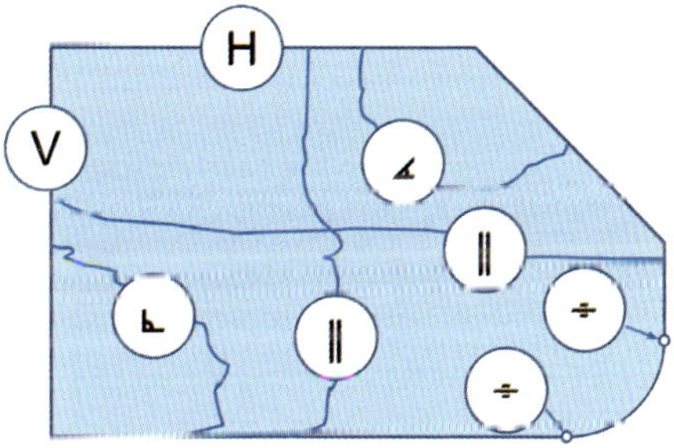

Abb. 27 a: Constraints, schematisch.

Winkel- und Längenmaße, Abstands- und Lageangaben sind die Geometrie festlegende Parameter. Diese Festlegung bedingen die Gestalt der Geometrie; sie werden als **Zwangsbedingungen** (Englisch: **Constraints**) bezeichnet. Diese Zwangsbedingungen werden in Form von Gleichungen im CAD-Programm hinterlegt. Zu diesen **expliziten Zwangsbedingungen** kommen weitere **implizite Zwangsbedingungen**, die zwischen Geometrieelemente eingeführt werden (Abb. 27).

Das sind zum Beispiel:

- Horizontalität Ⓗ/ Vertikalität Ⓥ
- Orthogonalität (rechtwinklig) ⊾
- Angularität (Winkelmaß) ∡
- Parallelität ||
- Tangentialität ≑

Diese inneren Constraints sind Teil der Skizze (**Strukturbaum** links in Abb. 27 b) und bleiben erhalten, auch wenn sich die Maße der Geometrie ändern sollten. Sind alle notwendigen Constraints angegeben (Skizze ist „**isobestimmt**"), entsteht damit ein eindeutiges, Update-stabiles Volumen. Sind nicht alle notwendigen Constraints gegeben, bleibt die Skizze **unterbestimmt** (Geometrie-Elemente lassen sich noch bewegen). Liegen zu viele Angaben vor, ist die Skizze **überbestimmt** (widersprüchliche Angaben!). Durch die Verwendung impliziter Constraints lässt sich Geometrie mit nur wenigen äußeren Maßangaben eindeutig konstruieren.

b)

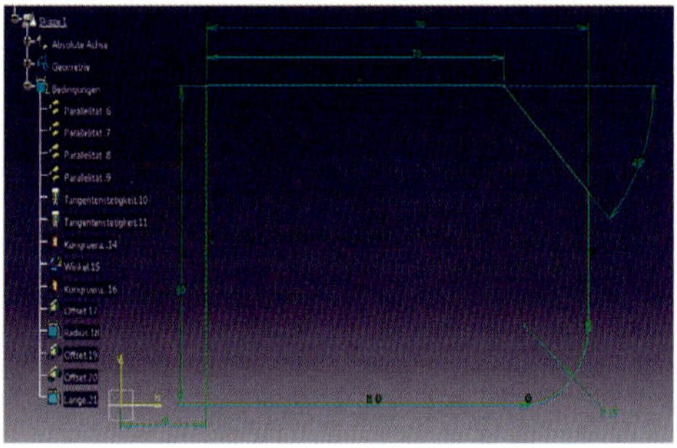

Abb. 27 b: Constraints, in Skizzierer-Umgebung

Parametrische Konstruktion

Blieben diese Maße fest vorgegeben, spräche man von **konventioneller Konstruktionsweise** (Abb. 28). In einem heutigen CAD-System kann man sie jedoch jederzeit in der Skizze ändern. Auf eine Änderung hin würde die Volumenmodellierung neu berechnet und ein anders Bauteil entstünde.

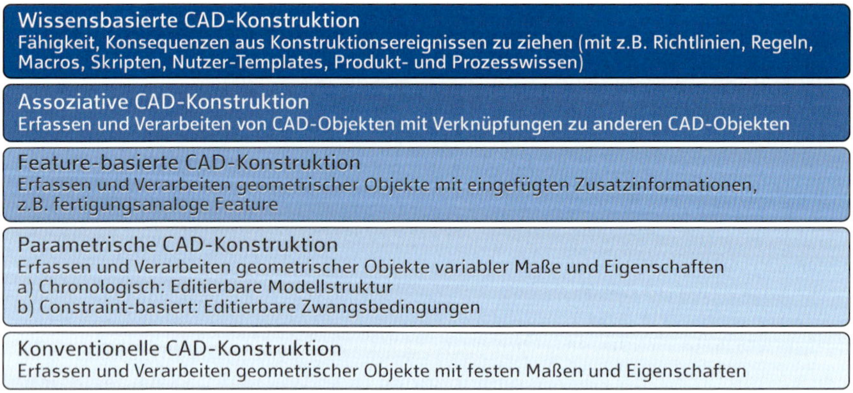

Abb. 28: Verschiedene CAD-Modellierungsstufen (n. VDI-Richtlinie 2209).

Man kann zum Beispiel die Maße mit einem variierbaren **Parameter** verknüpfen, wodurch bei Änderungen – auch von außerhalb des CAD-Programms – schnell Varianten eines Bauteils entstehen (**Parametrik**). Diese Variantenvielfalt lässt sich gut mit einer (externen, zum Beispiel in Excel erstellten) **Konstruktionstabelle** zeigen. Diese Tabelle enthält Parametersätze für die konkrete Form eines Bauteils. Durch Auswahl einer Zeile und damit eines Parametersatzes wird die geometrische Modellierung mit den neuen Maßzahlen aktualisiert; während alle durch Zwangsbedingungen vorgegebenen Lagen der Elemente zueinander beibehalten werden.

Auch die Parameter sind Bestandteil der Bauteil-Daten und daher im Strukturbaum eingepflegt.

Faktor	Kante_gefast (mm)	Hinterstrich (mm)
1,6	2	1
1,8	1	0,5
2	3	3
1,1	1	1
1,4	5	0,2
1,5	0,5	6
1,1	1	2

Tabelle 3: Konstruktionstabelle.

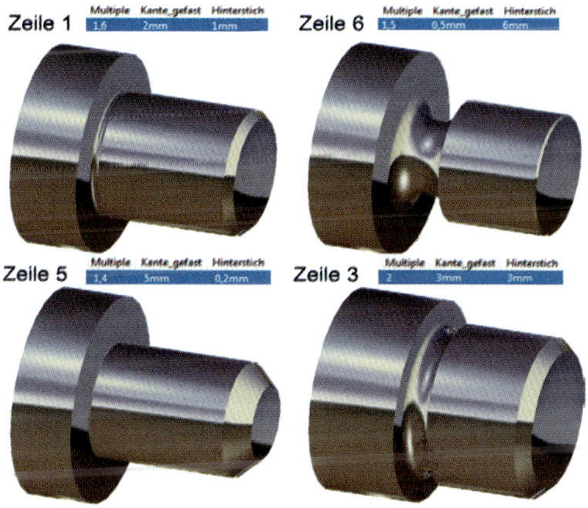

Abb. 29: Parameterabhängige Wellenenden nach Konstruktionstabelle 3.

Feature-Basierte Konstruktion

Die Möglichkeit zur **Feature-Technologie** gründet sich auf den objektorientierten Aufbau von CAD-Systemen. Sie ist die Technologie, mit der sich CAD-Objekte erzeugen oder mit anderen Eigenschaften versehen lassen. Die Feature-Technologie ist Gegenstand der VDI-Richtlinie 2218.

Ein Feature hat die Struktur

Spezifikation ⇨ Operator ⇨ Ergebnis
(Eltern) (Kinder)

Als Eingangsspezifikationen können zum Beispiel Geometriedaten oder -elemente dienen. Am Beispiel eines Bogens um einen Winkel von 90° kann dies erläutert werden:

Man gibt einen Radius, einen Mittelpunkt und einen Startpunkt und einen Bogenwinkel ein. Der Operator „Kreisbogen“ erzeugt daraus den erwarteten Viertelkreis-Bogen als Ergebnis und gibt ihm weitere Eigenschaften (zum Beispiel Farbe oder Strichstärke) mit.

Geometrieobjekte, die als Eingangselemente spezifiziert werden, nennt man „**Elternelemente**“, die Ergebnisse einer Feature-Operation „**Kindelemente**“. Jedes CAD-Objekt-Ergebnis kann wieder als Eingangsobjekt für neue Features definiert werden. Features lassen sich in folgende Klassen einteilen:

- Volumenprimitive (Englisch: **Body Features**) wie Quader, Zylinder, Kugel
- Geometrische Formelemente (Englisch: **Form Features**) wie zum Beispiel Bohrung, Senkung, Langloch
- Fertigungselemente (Englisch: **Operational Features**) wie Rundung oder Fase
- Musterelemente (Englisch: **Enumerative Features**) wie Rechteckmuster oder Kreissektoren-Muster

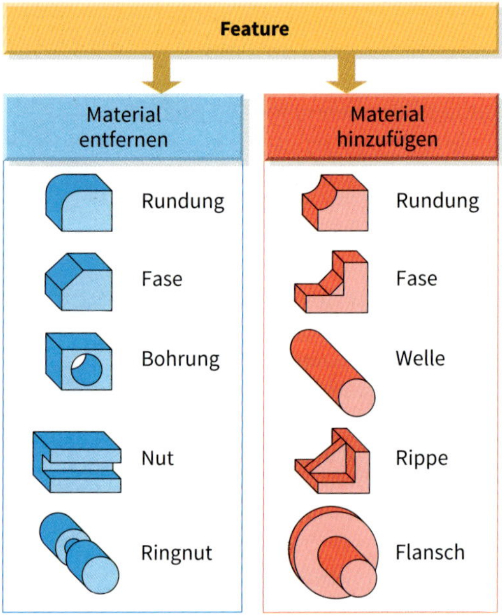

Abb. 30: Fertigungs-Feature.

Abb. 30 gibt einen Überblick über einige Fertigungs-Features, die in Material aufbauende und Material entfernende Features unterteilt wurden. Diese Features verdeutlichen, dass sie vorhandene Geometrie mit einer Eigenschaftsänderung neue Gestalt geben können. So kann zum Beispiel an einem Quader eine scharfe Kante durch das Fertigungs-Feature „Fase“ gebrochen werden. Dieses Konzept verbessert die CAD-Technologie entscheidend gegenüber einer konventionellen Konstruktionsweise, die eine Fase zum Beispiel durch Boolesche Operationen von Geometrie-Objekten herstellen würde.

Auch die Feature-Operationen eines Bauteils gehören selbstverständlich zur Konstruktionshistorie und werden deshalb ebenfalls in einem **Strukturbaum** abgelegt. Das ist in Abbildung 31 dargestellt. Die Feature-Anwendungen sind darin als **Operationen** aufgeführt und in diesem Fall Kantenverrundungen. Die Feature-Struktur zeigt, dass neben dem Ergebnis auch die Eingangsobjekte erhalten bleiben müssen.

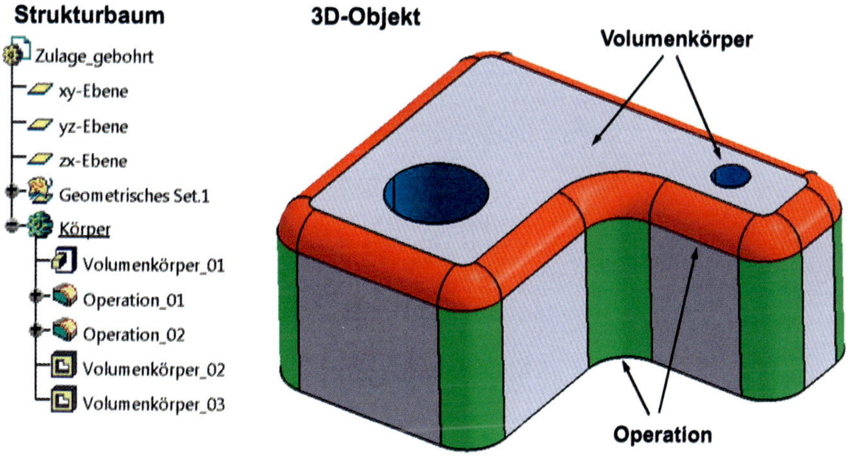

Abb. 31: Strukturbaum und Bauteil aus Volumenkörpern und Features.

Neben der im CAD System integrierten Feature-Bibliothek ist es auch möglich, **benutzerdefinierte Features** („**Templates**") zu erstellen. Darin können Konstruktionsabläufe gespeichert werden, die in neuer Umgebung mit anderen Parameterwerten wieder appliziert werden können.

Wesentliche Eigenschaften von Features sind:

- Gleichwertigkeit aller CAD-Objekte: Sie können jeweils Spezifikation und Ergebnis eines Features sein.
- Editierbarkeit: Eingabegrößen können durch andere ersetzt werden.
- Ersetzbarkeit: Ein Operator „Fase" kann durch den für „Verrundung" ersetzt werden.
- Vererbung: Jedes Eingangsobjekt vererbt seine Eigenschaften an das Ergebnis.
- Löschbarkeit. Damit gehen allerdings auch alle nachfolgenden Operationen verloren.

Assoziativität der Konstruktion

Assoziativität stellt zwischen verschiedenen CAD-Objekten eines CAD-Modells oder modellübergreifend zu anderen CAD-Dateien eine Beziehung her. Diese Verknüpfungen werden oft auch mit dem englischen Begriff **Link** beschrieben. Eine solche Beziehung zwischen Einzelbauteildaten stellt zum Beispiel der **Zusammenbau** von Einzelbauteilen zu einem Produkt dar; auch als **Assembly** bezeichnet. Das Produktdokument wird dann als verbindendes Zentraldokument angelegt, in das alle Bauteildokumente geladen werden. Darin ist eine **Produktstruktur** (vgl. DIN 199 bzw. VDI RL 2215) angelegt (wieder als **Strukturbaum**), die die Zusammenbaulogik enthält (Abb. 32).

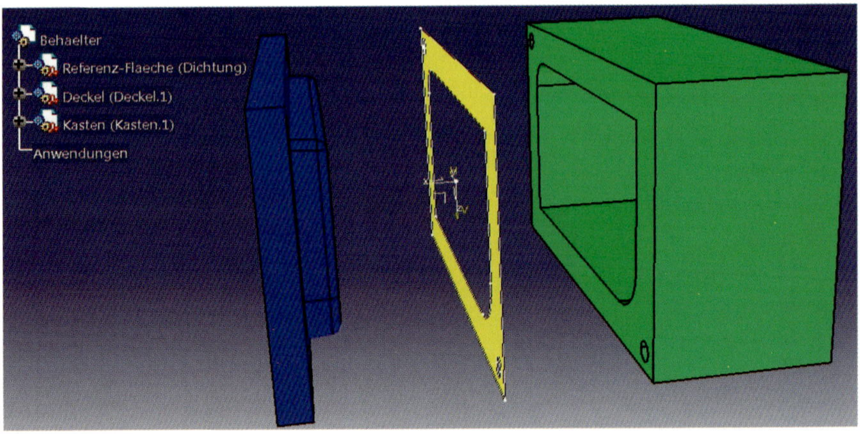

Abb. 32: Zusammenbau mit Strukturbaum und Produkt eines Behälters aus Deckel, Dichtung und Kasten.

In Abbildung 32 besteht das Produkt des Behälters aus einem Kasten, einer Dichtfläche und einem Deckel. Die Lage der Einzelbauteile in der Produktstruktur zueinander kann wiederum durch Abstandsbedingungen definiert werden (zum Beispiel geschlossener Behälter). Diese Art der Verknüpfung wird **Instand-To-Instant-Link** genannt. Abgeleitete **Zeichnungsdateien** sind ebenfalls mit der Bauteil- oder Produktdatei verknüpft. Die Einzeldokumente sind auch noch auf eine andere Art assoziativ miteinander verknüpft:
Als Ausgangspunkt der Konstruktion von Kasten und Deckel wurde die gemeinsame Dichtfläche gewählt, die in einer eigenständigen Datei vorliegt. Damit ist die Geometrie von Kasten und Deckel unmittelbar abhängig von der Geometrie der Dichtungsfläche. Wird die Dichtungsfläche geändert (zum Beispiel einer der Radien der inneren Ecken), dann werden die beiden anderen Dokumente automatische auf den neuen Stand aktualisiert. Diese, modellübergreifende Art der Verknüpfung wird als **Multi-Model-Link** bezeichnet.

Wissensbasierte Konstruktion

Eine Form der wissensbasierten Konstruktion sind Regeln, die sich auf Parameter beziehen. Mögliche Regeln sind in Tabelle 4 zusammengestellt:

Regelart	Beispiel
Geometrische Regel	Durchmesser d = 50 mm, Wandstärke = $d/10$
Bedingungen	Wenn-Dann-Bedingung ⇒ Bohrungsdurchmesser If (Name= :="Flansch_50") then 50 else 30
Prüfregel	Wenn Wert_1 größer Wert_2, dann Warnung if(Wert_1 > Wert_2) then print message („Eingabe falsch")

Tabelle 4: Verschiedene parametrische Regeln.

Zudem können hier die im Abschnitt „Feature-Basierte Konstruktion“ bereits angesprochenen Templates fungieren, die die Konstruktionsabteilung eines Unternehmens als Firmenwissen in einer Bibliothek angelegt hat. Hier sind Konstruktionsabläufe hinterlegt, die in neuer Umgebung nicht notwendigerweise in den Strukturbaum eingetragen werden. So kann unternehmenseigenes Konstruktionswissen geheim gehalten werden.

Spezielle CAD-Untersuchungen können für Standard-Aufgaben (Packaging, „Licht und Sicht“ etc.) auch mithilfe von **Makros** und **Skripten** erledigt werden.

Modellstruktur

Aus allen, oben erläuterten Konstruktionsweisen entsteht im **Strukturbaum** der Produktdatei schließlich diese **Modellstruktur**. Sie bildet das gesamte Konstruktionsgeschehen in einer hierarchischen Struktur ab. Man erkennt anschaulich den Aufbau des Produktes und es kann an jeder beliebigen Stelle der Struktur editierend eingegriffen werden.

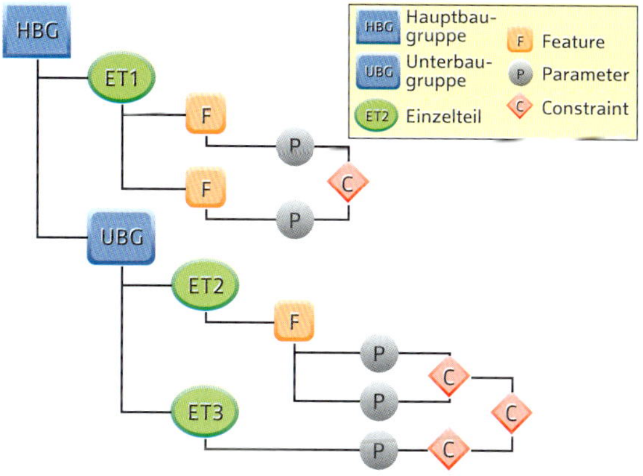

Abb. 33: Beispielhafte Modellstruktur.

2.3 CAD-Konstruktion der Elektrik/Elektronik (E-CAD)

Bei der Anwendung von CAD in der Elektrokonstruktion und Elektronikentwicklung spricht man auch von E-CAD. Die konstruktiven Aufgaben, die sich ergeben, zeigen sich in unterschiedlichen Dimensionen in ähnlicher Form wieder. Man spricht zum Beispiel von der **Granularität** eines mechatronischen Systems (Abb. 34). Auf der Ebene der **Bordnetze** mechatronischer Systeme geht es um die Platzierung, die Fixierung, die Verdrahtung (Verbindung und Versorgung) von elektrischen Komponenten. Für die innerhalb der elektrischen Komponenten auftauchenden Platinen und Elemente besteht die Aufgabe der **Schaltplan-Erstellung** (Englisch: **Schematic Capture**). Auf den Platinen geht es um die Platzierung der Bauelemente (**Platinen-Layout**).

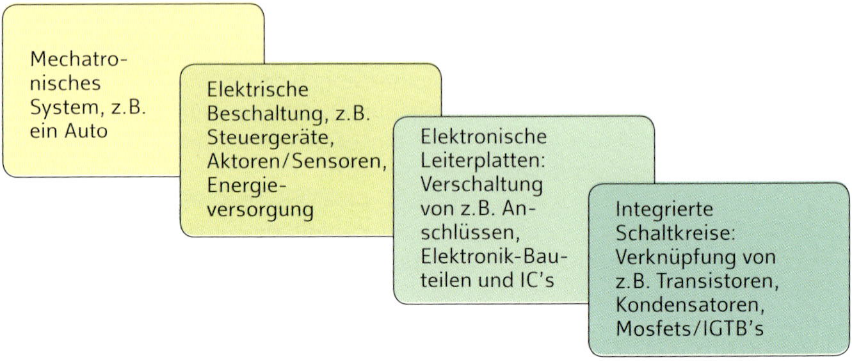

Abb. 34: Granularität von E_CAD-Aufgaben.

In den Bauelementen wie den **Integrierten Schaltkreisen** (**IC**) geht es zum Beispiel um die Platzierung von **Transistoren**. Als die zentralen, granularen E-CAD-Aufgaben lassen sich daher formulieren:

- **Platzierung** von Komponenten
- **Verbinden** und **Versorgen** von Komponenten

Abb. 35: Elektronik-Komponenten (blau) und Bordnetz (orange) eines Oberklasse-Automobils.

Als weiteren, generellen Trend kann man feststellen, dass diese Aufgaben immer umfangreicher werden, wie dies die Entwicklung der Zahl der Steuergeräte in Fahrzeugen verdeutlicht (Abb. 36). Die entsprechenden Trends in der IC-Entwicklung sind allgemein bekannt. Für jede Ebene haben sich entsprechende E-CAD-Tools entwickelt.

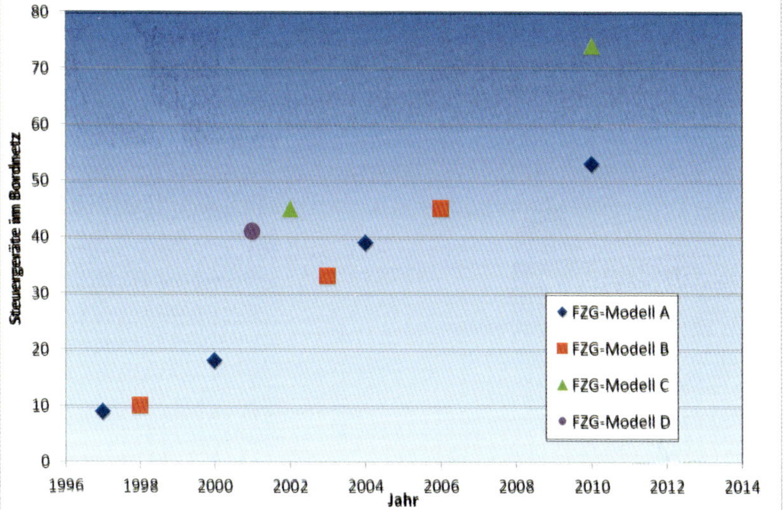

Abb. 36: Zeitliche Zunahme der Anzahl an Steuergeräten in Fahrzeugen.

Der eher mechanische Teil an fixierten Komponenten und den Verdrahtungen lässt sich mit den unter M-CAD erläuterten Methoden bewerkstelligen. So kann die **Zentrallinie** eines Kabels als **Freiformkurve** aufgefasst werden. Damit sind die unter **Splines** behandelten Kurven auch hier von Belang. Insbesondere der freie Verlauf eines Kabels von einer Steckverbindung an einem Gehäuse zur Steckverbindung an einem anderen Gehäuse kann mit **Hermite-Kurven** gelöst werden. Die „Zugabe" an Kabel lässt sich dann zum Beispiel über die **Tangentialspannung** steuern.

Ein schellenfixiertes Kabel kann durch interpolierende Splines definiert werden. Ebenso von Bedeutung ist die **Abwicklung** der Verbindungen eines Bordnetzes in die Ebene, da die Bordnetze auf ebener Unterlage konfektioniert werden und eine ebene Zeichnung die Grundlage bildet. Wiederum ergibt sich eine Aufgabe für Freiformkurven: Wie lässt sich eine Freiformkurve abwickeln?

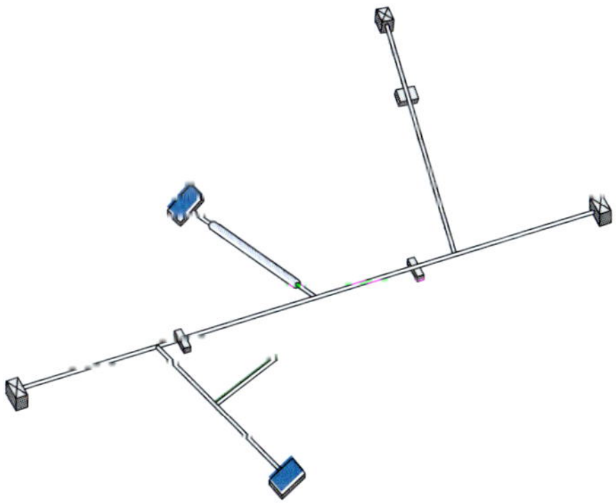

*Abb. 37: In der Zeichenebene abgewickelter Kabelbaum (**„Nagelbrett"-Zeichnung**).*

Auf Platinen- oder IC-Ebene lässt sich die Platzierung mit dem folgenden Verfahren herstellen: Man versieht jedes Bauteil an seinen Kontaktstellen gedanklich mit Gummibändern und betrachtet den Ausgleich aller Zugkräfte als die günstigste Lösung für die Platzierung, da so die insgesamt kürzesten Verbindungen entstehen.

Für die Erstellung von **Schalt- und Verdrahtungsplänen** und für die physikalische Funktionsprüfung ist die Länge der Verkabelung zunächst unerheblich. Wichtig ist vielmehr die Eindeutigkeit der Symbole und der Verbindung. Üblicherweise sollten daher die Normsymbole in einem Schaltplan auftauchen. Ein Problem dabei ist, dass Systeme aus dem angelsächsischen Sprachraum Symbole aus amerikanischen Normen verwenden.

Dennoch können **aktive** und **passive elektronische Bauteil-Symbole** zu analogen oder digitalen Schaltungen aufgebaut werden (Abb. 38). Zur Verknüpfung von Bauteilen können **Drähte** oder **Busleitungen** erstellt werden.

Die Schaltung wird zur Berechnung in eine tabellarische **Netlist** umgewandelt. Diese dient der Berechnung als Grundlage.

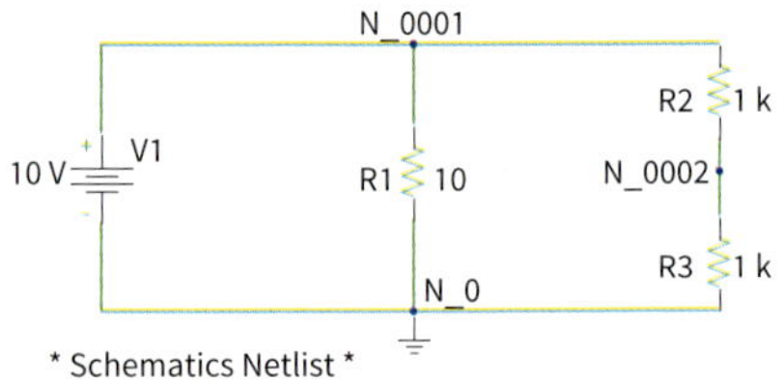

* Schematics Netlist *

Bauteil1	Knoten#1	Knoten#2	Wert
R_R_2	SN_0002	SN_0001	1 k
R_R_3	0	SN_0002	1 k
R_R_1	0	SN_0001	10
V_U_a	SN_0001	0	10 V

Abb. 38: Schaltplan und Netlist eines Schaltkreises.

Der Schaltplan kann bei Kenntnis der Montagetechnik (**THT** für **Through-Hole Technology** bzw. **SMD** für **Surface-Mounted Device**) und dem entsprechenden Abbild der Kontaktstellen auf der Platine (≙ Englisch: **Footprint**) auch in ein druckbares **Platinen-Layout** (Englisch: **PCB** für **Printed Circuit Board**) umgemünzt werden. Die PCB-Anwendung muss dann mit dem CAD-Schaltplan gekoppelt sein und die Footprints als Datenbank bereitgestellt werden.

2.4 Datenmanagement, Datenformate und Schnittstellen

Datenmanagement

Ein durchgehend digitaler Datenfluss ist nach dem oben Diskutierten unerlässliche Voraussetzung für die virtuelle Produktentwicklung. Das Management der damit verbundenen Prozesse erfordert den Einsatz von **PDM-/PLM-Software** (Abb. 34). Dabei übersteigt die Anzahl der zu managenden Software-Systeme in einem Unternehmen schnell die 50. Darüber hinaus muss der sichere, zulässige (Geheimhaltung) Datenausgang in Richtung Zulieferer und der qualitätsgeprüfte Dateneingang (zum Beispiel „Q-Checker") vom Zulieferer gewährleistet werden.

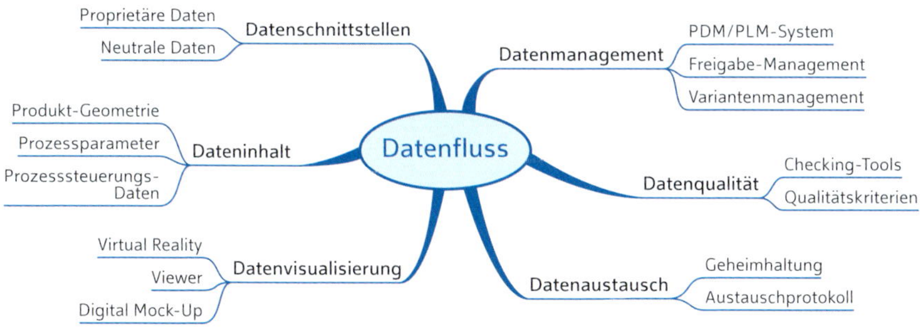

Abb. 39: Datenmanagement-Prozesse der ViP.

In manchen Situationen, zum Beispiel im Projektgespräch mit dem Kunden oder mit Kollegen anderer Abteilungen, sollen aktuelle Projektdetails diskutiert werden. Nicht jeder Gesprächsteilnehmer ist CAD-Experte. Dennoch sollen alle Teilnehmer an der Produktgeometrie auf für sie jeweils wichtige Details hinweisen können. Dazu bedarf es eines einfachen **Viewers**, der Produktdaten lesen und darstellen kann.

Gegebenenfalls sollen DMU-Modelle in einem virtuellen Raum (**CAVE**) mit **Virtual Reality**-Techniken durchlaufen werden. Oder digitale CAD-Produkte auf dem Konferenztisch mit **Augmented Reality** angesehen werden. Dann müssen hierzu nötige Datenformate exportierbar sein.

Ein nicht unerhebliches Problem stellt dabei die **heterogene Softwarelandschaft** zwischen Hersteller und Zulieferer dar: Unterschiedliche Zulieferer können mit unterschiedlichen CAD-Software-Systemen arbeiten (zum Beispiel CATIA, PTC-CREO, Siemens-NX). Auch auf Herstellerseite können in unterschiedlichen Abteilungen je nach „Geschmack" verschiedene CAD-Systeme bevorzugt werden. Es sollen zusätzlich gut verwertbare Daten längs der ViP-Prozesskette an die nachgeschalteten CAE-Prozesse sichergestellt sein. CAD-Systeme pflegen üblicherweise ein **proprietäres** (natives) **Datenformat**, dessen Formatierung in der Regel nicht offengelegt wird.

Dadurch ist der Weg des Datenaustausches verschlossen. Um hier Abhilfe zu schaffen, sind mehrere Wege denkbar:

- Alle Projektbeteiligten nutzen die gleiche CAD-Software.
- Jede beteiligte CAD-Software nutzt die gleiche Art der Geometrie modellierender Software-Routinen (gleicher **Kernel**).
  Kooperation oder Konkurrenz führen zu einer Konzentration des Marktes für CAD-System-Hersteller.
- Man verwendet **Modell-Übersetzer**, um Daten zu transformieren.
- CAD-Systeme haben Schnittstellen zu anderen CAD-Systemen.
- Man führt ein **neutrales Datenformat** ein, um Daten auszutauschen.

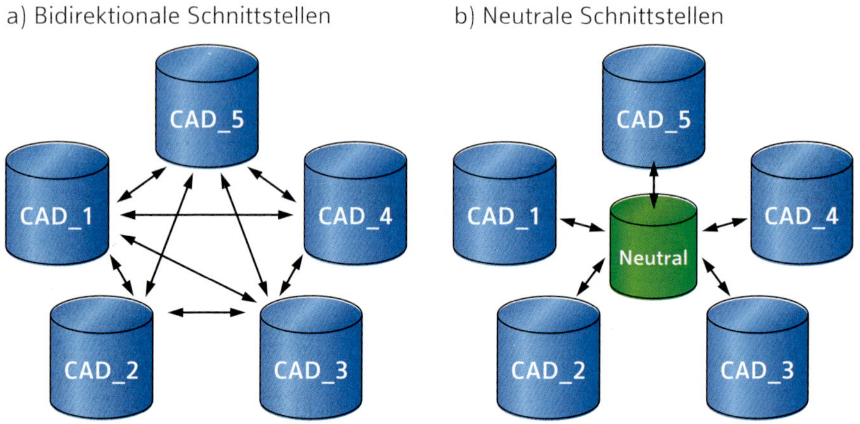

Abb. 40: Schnittstellen-Strategie: a) bidirektional, b) neutral

Alle diese Wege sind denkbar und werden vollzogen. Von großem Interesse sind direkte **Schnittstellen** (Abb. 40). So könnte jeder CAD-Hersteller eine Schnittstelle zu jedem Konkurrenten bereitstellen. Diese Schnittstellen müssten für einen echten Austausch in jede Richtung funktionieren, also **bidirektional** sein. Es ist leicht einzusehen, dass **neutrale Schnittstellen** für alle Beteiligten der einfachere und angenehmere Weg ist (Abb. 40 b). Dennoch kann bei dieser Art der Schnittstellen gegebenenfalls das Problem entstehen, dass nicht alle nötigen Informationen übertragen werden bzw. Datenfehler auftauchen.

PDM-/PLM-Lösungen für die dargestellten Problemstellungen werden von praktisch allen CAD-Herstellern (zum Beispiel PTC: Windchill®, Siemens: Teamcenter®, Dassault Systèmes: SmarTeam®) angeboten. CAE-Systemhersteller bieten z. T. die „kleinen Lösungen" für den reinen Engineering-Bereich an (zum Beispiel Ansys-Workbench, CATIA-Workbenches). Bei letzteren ist es erwartbar, dass die CAD-Daten problemlos in nachgeschalteten Anwendungen zugänglich sind.

Datenformate und neutrale Schnittstellen

Es ist naheliegend, dass bei den geschilderten Problemen neutrale Datenformate entstanden sind. Ein einzelner CAD-Hersteller hat aber nicht notwendiger Weise ein Interesse, seine CAD-Fähigkeiten durch Schnittstellen anderen zur Verfügung zu stellen. Deshalb bedurfte es nationaler bzw. internationaler Anstrengungen, um diese Formate zu etablieren.

DXF-Format
Ein weit verbreitetes Datenformat, das allerdings doch von einem CAD-Hersteller (Autodesk) entwickelt wurde, ist das ***.dxf**-Format, das mit der AUTOCAD®-Version 1.0 ausgeliefert wurde. DXF steht dabei für **Drawing Interchange File**

Format und zeigt damit klar seine Absicht an. Die Daten sind 2D-Vektorgraphiken, für Benutzer lesbar im ASCII-Format abgespeichert. Die Datei-Struktur ist sequenziell und besteht aus 8 Abschnitten (Abb. 41).

1. **HEADER** (Allg. Vereinbarungen zu Bemaßungsregeln, Schraffur, Koordinaten)
2. **CLASSES** (Informationen über Blocks, Entities & Objects)
3. **TABLES** (Beschreibung für Darstellungsattribute ; Farben; Strichstärken, ...)
4. **BLOCKS** (Einträge für Blockreferenzen der Zeichnung)
5. **ENTITIES** (geometrische Objekte, z. B. : LINE, ARC, ...)
6. **OBJECTS** (nicht geometrische Programmobjekte)
7. **THUMBNAILIMAGE** (optional)
8. **EOF** (End of File-Symbol)

LINE	// CLASS-Name
8	// Abgelegt auf Layer 8
Default	// Layername
6	// Linienart
CONTINUOUS	
10	//Erste x-KO (Tag)
10	// Wert der ersten x-KO
20	// Erste y-KO (Tag)
30	// Wert der ersten y-KO
11	// Zweite x-KO (Tag)
70	// Wert der zweiten x-KO
21	// Zweite y-KO (Tag)
30	// Wert der zweiten y-KO
39	// Strichstärke (Tag)
0	// Wert
62	// Farbe (Tag)
0	// Wert d. Farbe

Abb. 41: DXF-Format, links Abschnitte, rechts geometrisches Objekt „Linie".

Der Abschnitt ENTITIES enthält Geometrie-Objekte und ist im **Tagged-Data-Format** aufgebaut. Das bedeutet, dass zuerst ein **Bezeichner** (Gruppen-Code) einer Größe eingetragen wird und in der nächsten Zeile der vorgegebene Wert eingetragen wird (Abb. 41, rechts). Das heißt, dass die Zahl 10 nach dem Wort „Continuous" in Zeile 5 kein Koordinatenwert ist, sondern der Bezeichner für die x-Koordinate des Startpunktes der Strecke ist. Die Zahl 10 in Zeile 6 ist dann der Wert dieser Koordinate.

Auf diese Weise fortgesetzt, erzeugt das Entitiy Beispiel in Abb. 41 eine Strecke der Standard-Strichstärke in Schwarz, und zwar vom Punkt (10;30) zum Punkt (70;30).

IGES-Format

Ein erstes CAD-Dateiformat, das durch nationale Anstrengungen definiert wurde, war das *.iges- bzw. *.igs-Format. Diese Datei-Endung steht für **Initial Graphics Exchange Specification**.

Sie wurde von der US-amerikanischen Standardisierungsstelle **NIST** (National Institute of Standards and Technology) in den 1980er-Jahren entwickelt. Das deutsche Format VDAFS kann als eine Erweiterung des IGES-Standards angesehen werden.

Mit diesem Dateiformat können geometrische (a) und nichtgeometrische Objekte (b) im ASCII-(oder Binär-) Format übermittelt werden:

a) Formatangaben (H), Punkte, Kurven, Oberflächen, Körper, Beziehungen
b) Anmerkungen, Maße

Seit der Version 5.3 ist der Austausch von Flächen- und Volumenmodellen (CSG wie B-Rep) ermöglicht worden.

	(Spalte 73)
Start	(S)
Global	(G)
Directory Entry	(D)
Parameter Data	(P)
Termination	(T)

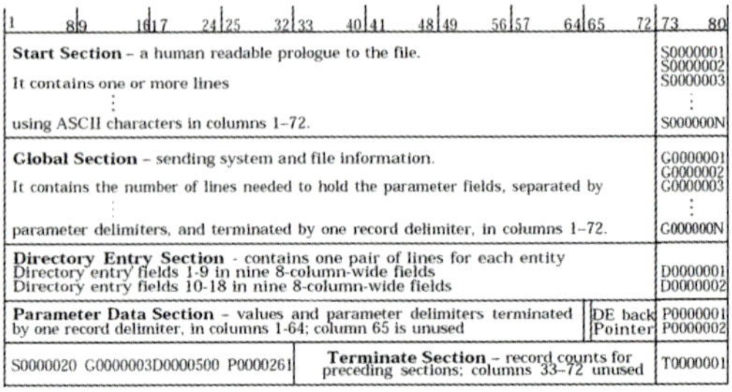

Abb. 42: IGES-Dateiaufbau.

Die IGES-Datei besteht aus 5 Abschnitten (Abb. 42). Sie enthält 10 Spalten der Breite von 8 ASCII-Zeichen. Die letzte Spalte dient als Inhaltsangabe.

Die ersten drei Zeilen einer Beispieldatei lauten:

```
                                                                        S      1
1H,,1H;,5HF100X,9HF100X.IGS,13H{unspecified},13H{unspecified},32,38,15, G      1
308,15,5HF100X,1.,2,2HMM,4,0.01333,15H19950612.233646,0.0001,8.,        G      2
```

Jede Zeile wird durchnummeriert. In den Zeilen werden die Eingaben durch ein Trennzeichen (zum Beispiel ein Komma) getrennt. Als Trennzeichen wird das erste Zeichen in der globalen Sektion vereinbart. Die Zeichenanzahl jedes einzelnen Eintrags wird durch den vorangestellten Formatbeschreiber H spezifiziert:

> Der erste Eintrag ist ein Komma. Dafür ist eine Zeichenbreite nötig.
> Also lautet der vorangestellte Formatbeschreiber 1H.

Im globalen Abschnitt ist unter anderem an vierzehnter und fünfzehnter Stelle die Dimension vereinbart, in der die Datei erstellt wurde. Hier muss man gelegentlich die Dimension eintragen, in der gearbeitet werden soll.

Dieses Format kann als Austauschformat für nachgeschaltete CAE-Anwendungen dienen und wird auch als solches verwendet.

STEP-Format

Dieser internationale Standard nach DIN EN ISO 10303 hat zum Ziel, eine Basis für eine durchgehende digitale Prozesskette zu verwirklichen, wie aus dem Namen **STandard for the Exchange of Product Model Data** hervorgeht. Dem Format wurde für jede Phase im Produktlebenszyklus sowohl der Produktdatenumfang (Geometrie, funktionale Zusammenhänge wie Kinematik, Teilekataloge, Technologiedaten) als auch prozessbezogene Daten wie Informationen zu Freigaben, Varianten und Änderungen mitgegeben. Damit bildet STEP die Anforderungen an einen neutralen **integrierten Datenstandard** ab. Je nach Anwendungsbereich wird der Standard durch Anwenderprotokolle ergänzt.

STEP-Dateien sind in einem ASCII-Format abgelegt. Sie enthalten keine reinen Daten, sondern Methoden und Regeln zur Datenerzeugung. Durch eine Grammatik wie bei einer an PASCAL-orientierten Programmiersprache werden Geometrieelemente über die Methodensprache EXPRESS modelliert.

```
Eine Linie im STEP-Format
ISO 10303-21;
HEADER;
FILE_SCHEMA(('CONFIG_CONTROL_DESIGN'));
ENDSEC;
DATA;
#1=CARTESIAN_POINT('',(2.5,4.5));
#2=DIRECTION('',(1.0,1.0));
#3=VECTOR('',#2,5.0);
#4=LINE('',#1,#3);
ENDSEC;
END-ISO-10303-21;
```

Abb. 43: Definition einer Strecke in STEP.

Als Beispiel für ein CAD-Objekt ist in Abb. 43 die Definition einer Strecke gegeben. Hinter der dort eingeschriebenen Logik erkennt man die Definition einer Strecke aus Startpunkt, Richtungsvektor und Länge.

JT- und JT-Open-Format

Das JT-Format ist ein von Siemens entwickelter PDM-Standard. Es ist ebenfalls in einem internationalen Standard (ISO 14306) mit der letzten Änderung von 2017 definiert. Das Kürzel JT steht dabei für „Jupiter Tessalation", also der Wiedergabe von Volumen durch Tetraeder. Nach dem Keplerschen Planeten-System war die Umlaufbahn des Jupiters um die Sonne auf der Umkugel eines Tetraeders gegeben. Es ermöglicht für graphische Anwendungen einen Oberflächen-Tesselierung, eine B-Rep-Darstellung von Volumen, neben Produktstruktur-Daten auch die Herstellungsinformationen und die Basis für nachgeschaltete CAE-Prozessschritte wie DMU, Kinematik, FEM und additive Fertigung.

JT ist der zur Zeit modernste PDM-Standard und durch seine Offenlegung Gegenstand der aktuellen Forschung über PDM-Datenformate.

STL-Format

Ein älterer, aber gebräuchlicher Standard für die Oberflächentesselierung ist das **STL-Format**. Das Akronym steht für **Standard Tesselation Language**. Dahinter verbirgt sich eine Datei, in der die einzelnen Dreiecke (**Facetten**) einer Volumenoberfläche seriell gelistet sind. Neben den drei Eckpunkten (**Vertices**) enthält die Facetten-Definition noch den Normalenvektor (**Facet normal**) auf das jeweilige Dreieck (Abb. 44). Dieses Format kann auch zum 3D-Druck für Rapid Prototyping und für die additive Fertigung verwendet werden.

solid *name*
  facet normal n_1 n_2 n_3
    outer loop
      vertex $p1_x$ $p1_y$ $p1_z$
      vertex $p2_x$ $p2_y$ $p2_z$
      vertex $p3_x$ $p3_y$ $p3_z$
    endloop
  endfacet
  facet normal ...
    ⋮
  endfacet
    ⋮
endsolid *name*

Abb. 44: STL-Format.

Weiterführende Literatur

[1] Eigner, M. et al.: „Modellbasierte Virtuelle Produktentwicklung“. Springer Verlag, Berlin/Heidelberg, 2014

[2] Vajna, S. et al.: CAx für Ingenieure. Eine praxisbezogene Einführung“. Springer Vieweg, Wiesbaden, 2018

[3] IAV GmbH (Hrsg): „Virtuelle Produktentwicklung“. Vogel Business Media GmbH, Würzburg, 2013

[4] Braess, H. H.; Seiffert, U. (Hrsg.): „Vieweg Handbuch Kraftfahrzeugtechnik“. Springer Vieweg, Wiesbaden, 2013

[5] Zickert, G.: „Elektrokonstruktion. Engineering mit EPLAN“. Fachbuchverlag Leipzig im Carl Hanser Verlag, München, 2019

[6] Anderl, R.; Trippner, D.: „STEP. Eine Einführung in die Entwicklung, Implementierung und industrielle Nutzung der Normenreihe ISO 10303“. B. G. Teubner, Stuttgart/Leipzig, 2000

[7] Richtlinie VDI 2209: „3-D-Produktmodellierung“. Düsseldorf, VDI, 2009

[8] Richtlinie VDI 2218: „Feature-Technologie“. Düsseldorf, VDI, 2003

[9] Richtlinie VDI 2221: „Methodik zum Entwickeln und Konstruieren technischer Systeme und Produkte“. Düsseldorf, VDI, 1993

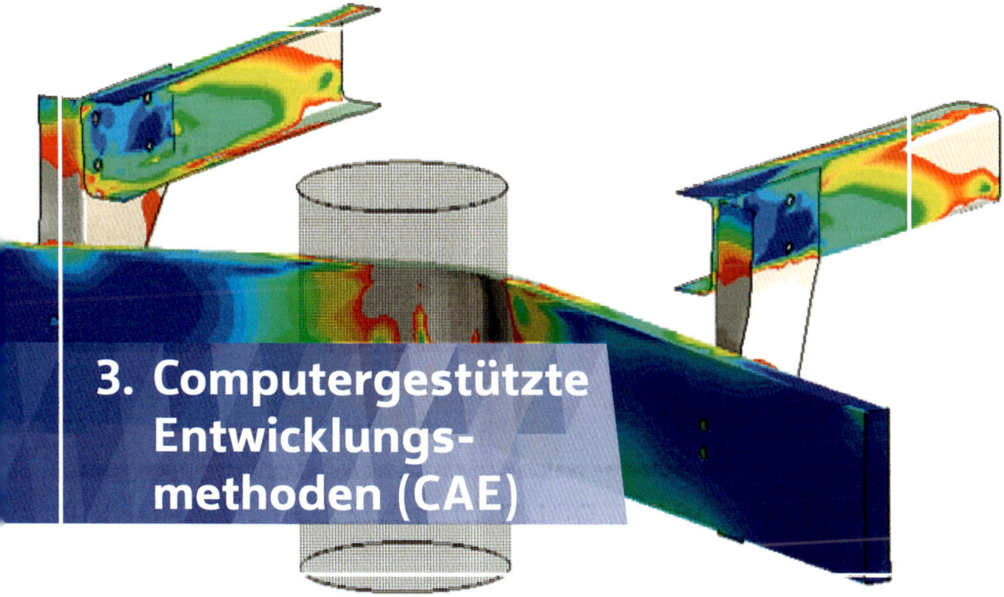

3. Computergestützte Entwicklungsmethoden (CAE)

CAE-Methoden wurden bereits zuvor (Abb. 10, S. 16) kurz vorgestellt. Man kann sie anhand von Merkmalen bestimmten Brachen zuordnen. Dies hat jedoch eher für Marketing-Zwecke Bedeutung. Häufig sind die modernen Tools durch ihre Einbindung in den virtuellen Produktentstehungsprozess interdisziplinär und universeller geworden. Eine Einteilung nach den verwendeten Lösungsstrategien kann hier eher sinnvoller sein. Zunächst ist eine Unterteilung in die Art der mathematischen Aufgabestellung vorzunehmen. Es gibt Fragestellungsklassen wie zum Beispiel die bei der Mehrkörper-Simulation (MKS) und der Schaltungssimulation auftretenden **Differential-Algebraischen-Systeme** (**DAE**).

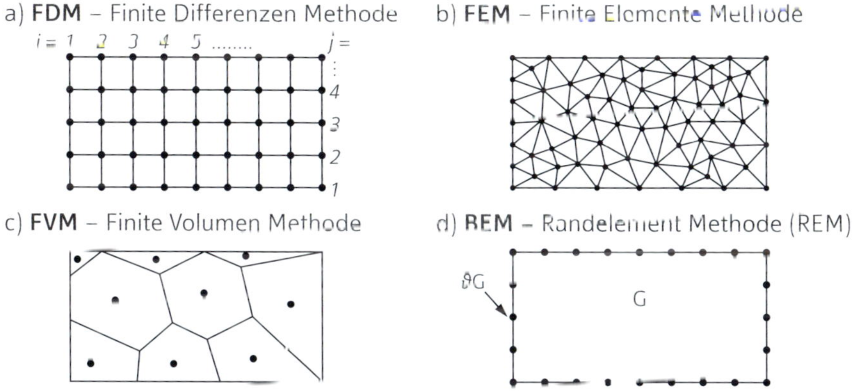

Abb. 45: Berechnungsmethoden für Feldgrößen.

Dem gegenüber stehen die Kontinuumsmethoden, die zu Gleichungssystemen führen, durch die Feldgrößen in Berechnungsgebieten ermittelt werden können (Abb. 45). In jedem Fall müssen komplizierte Gleichungen in eine für den Computer lösbare, algebraische Form gebracht werden. In Abbildung 45 sind die Strategien anhand ihrer typischerweise verwendeten Gebietsunterteilungen (**Vernetzung**) unterschieden. Die **Finite-Differenzen-Methode** nutzt stets ein **strukturiertes Netz**. Die Methode ersetzt die Differentialquotienten einer Bilanzgleichung durch Differenzenquotienten, um algebraische Gleichungen zu erhalten. Die **Finite-Elemente-Methode** kann auch auf **unstrukturierten Netzen** (Dreiecke bzw. Tetraeder) angewendet werden. Hier ist ein Energieprinzip die Basis der algebraischen Gleichungen. Die **Finite-Volumen-Methode** bilanziert an den durch das Netz entstandenen (polyedrischen) Volumen den Zu- oder Abfluss von Feldgrößen als algebraische Gleichungen. Die **Randelement-Methode** (Englisch: **Boundary Element Method** (**BEM**)) benötigt nur die Unterteilung des Randes, um Aussagen über das Feld im Gebietsinneren machen zu können.

Auch wenn es eigentlich universelle Verfahren sind, so haben sich dennoch in bestimmten Bereichen spezielle Verfahren etabliert. So wird die Finite-Volumen-Methode besonders oft in der Strömungssimulation eingesetzt, während sich die Randelement-Methode in der Akustik bewährt hat. Sowohl in der Strukturberechnung als auch in der Simulation elektrischer Felder wird die am weitesten eingesetzte und verbreitetste, die Finite-Elemente-Methode verwendet.

Allen Methoden geht die Bereitstellung von den oben beschriebenen CAD-Datenmodellen voraus. Danach erfolgt der Dreischritt:

- **Preprocessing**
- **Solving**
- **Postprocessing**

Das **Preprocessing** (die **Modell-Vorbereitung**) besteht zu einem nicht unerheblichen Teil aus der **Vernetzung** der Geometrie-Gebiete. Die Gebiete bestehen aus einer Materie, deren Materialverhalten durch **Materialparameter** bekannt sein muss. Ein weiterer Teil der Modellbeschreibung besteht aus der Definition der Wechselwirkung der Modelle mit der Umgebung, den sogenannten **Randbedingungen**. Das sind, je nach physikalischem Fachgebiet, zum Beispiel äußere Kräfte und Verschiebungen (↑Strukturmechanik), Temperaturen und Wärmeflüsse (↑thermische Vorgänge), Spannungspotentiale oder Ströme (↑elektrische Vorgänge) bzw. Schalldrücke oder -schnelle (↑Akustik) und ähnliches mehr.

Das **Solving** (die eigentliche Berechnung) findet in der CPU bzw. GPU statt. Oder es wird – wie zum Beispiel bei großen Problemstellungen mit 10 Millionen Unbekannten üblich – parallel auf mehreren Recheneinheiten verteilt gerechnet. Während der Berechnungsaufgabe können gegebenenfalls viele verschiedene Methoden eine Rolle spielen, die ineinander greifen; zum Beispiel wenn die Berechnung mit einer Optimierung gekoppelt wird. Das Resultat steht für gewöhnlich in einer vom Programm erstellten Datei zur Verfügung.

Im **Postprocessing**-Schritt werden die Ergebnisse bewertet, auf Plausibilität und Schlüssigkeit überprüft und für die Dokumentation aufbereitet. Dazu dienen Videos und bildliche Darstellungen der Feldgrößen bzw. ihrer zeitlichen Entwicklung sowie Diagramme und Graphen.

3.1 Produktsimulation

3.1.1 Simulation mechanischer Komponenten

Die Simulation mechanischer Komponenten ist der älteste Zweig der Berechnungsmethoden. In der Strukturmechanik wird für die Berechnungsaufgaben routinemäßig die **Finite-Elemente-Methode** als Standard-Verfahren angewendet. **FEM** ist die am weitesten verbreitete Methode für die Funktionsprüfung technischer Produkte und Fertigungsverfahren. Sie kann auf vielen Gebieten der Physik eingesetzt werden. Am bedeutendsten sind dabei sicherlich die Festigkeits- und Schwingungsberechnungen zur Überprüfung, ob ein Bauteil hält. Ausgangspunkt der Berechnung ist stets das CAD-Modell eines Bauteils. Die Durchführung einer FEM-Berechnung vollzieht sich in den gerade erläuterten, wesentlichen Schritten.

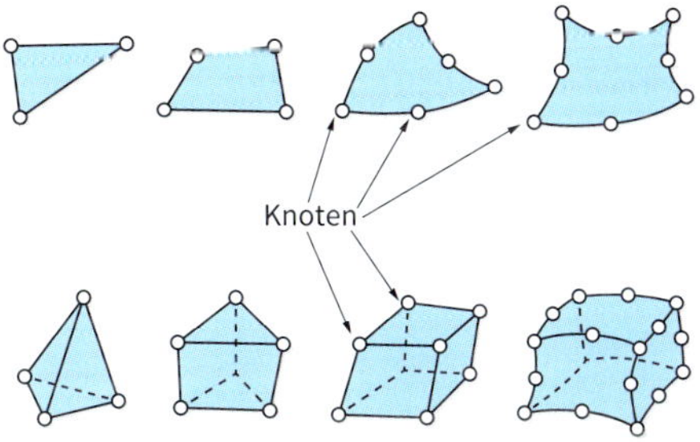

Abb. 46: Finite-Elemente-Geometrie: oben zweidimensional, unten dreidimensional.

Die Vernetzung ist die Unterteilung des Bauteilvolumens in mehrere kleine Teilvolumina (**Elemente**, Abb. 46). Die Elemente des **Netzes** (Gesamtheit aller Unterteilungen) (Abb. 47) sind auf flächigen (dünnwandigen) Bauteilen häufig Dreiecke und Vierecke, bei volumenförmigen Bauteilen Tetraeder und Quader. Die Eck- bzw. Mittenpunkte nennt man **Knoten**. Das mechanische Verhalten der Elemente ist bekannt und kann – über alle Elemente hinweg – genutzt werden, um die Mechanik des gesamten Bauteils an den Knoten wiederzugeben.

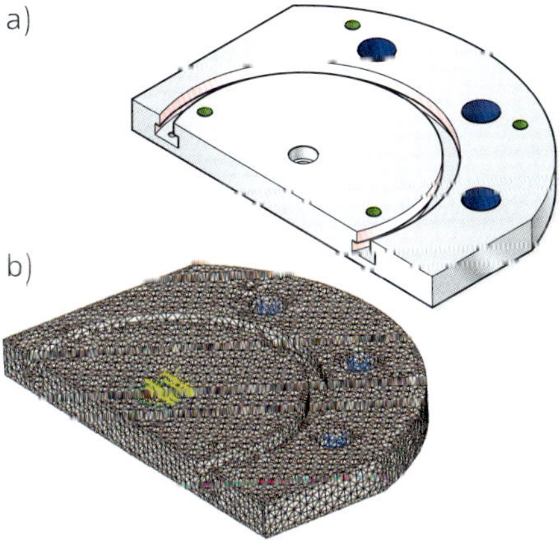

Abb. 47: a) Bauteil „Motorplatte“ und b) vernetzte Geometrie mit Last (gelb) und Fixierung (blau).

Die Vernetzung mit rechteckigen bzw. quaderförmigen Elementen ist oft wünschenswert, aber nicht immer vollständig automatisiert möglich. Demgegenüber ist eine Vernetzung einer Fläche bzw. eines Volumens mit Dreiecks- bzw. Tetraeder-Elementen stets automatisch möglich. Die dadurch entstehenden Nachteile sind:

- Die Anzahl der Elemente gegenüber einer quaderförmigen Vernetzung kann bei gleicher Elementkantenlänge für Tetraedern 8-fach größer sein.
- Dreiecks- bzw. Tetraeder-Elementen erzeugen eine „Aussteifung" der Geometrie verglichen mit der rechteckigen bzw. quaderförmigen Alternative.
- Der Fehler bei Dreiecks-Elementen ist stets größer als bei Rechtecks-Elementen.

Daher führt man oft eine Vernetzung durch, die automatisch überwiegend zu rechteckigen oder quaderförmigen Netzen führt (**quad-dominant** von Englisch: **Quadrilateral** ≙ Viereck bzw. **hex-dominant** von Englisch: **Hexahedron** ≙ Würfel). Dennoch sind Dreiecks- und Tetraeder-Netze in der Anwendung durch die Automatisierung der Geometrieunterteilung mit den zur Verfügung stehenden Vernetzungsalgorithmen weit verbreitet. Bekannte Algorithmen zur Vernetzung sind der **Watson-Algorithmus** (⇒ **Delaunay-Netze**), der **Advancing-Front-Algorithmus** und der **Quadtree-** bzw. **Octree-Algorithmus**. Hinzu kommen noch etliche Features zur nachträglichen Netzverbesserung.

Über die Vernetzung hinaus sind weitere Angaben nötig. So müssen Materialangaben gemacht werden. Für eine Festigkeitsberechnung sind das in Bezug auf die Elastizität das **Elastizitätsmodul** E und die **Querkontraktionszahl** ν. Je nach Fragestellung müssen weitere Parameter angegeben werden. Das können **plastische Eigenschaften** sein oder Parameter, die eine **Werkstoffschädigung** berücksichtigen.

Zur Berechnung bedarf es noch der Angabe von **Rand-** bzw. **Anfangsbedingungen**. Im Falle einer statischen Berechnung muss das Bauteil fixiert werden („**statisch bestimmte Lagerung**"), dafür muss an einigen Stellen die mögliche Verschiebung auf null blockiert werden (blaue Markierung in Abb. 47). Zudem muss eine Kräfte- oder Momentenlast aufgebracht werden (gelbe Markierung in Abb. 47b). Bei dynamischen Berechnungen kann das Fixieren entfallen; dafür muss hier aber zum Beispiel eine Anfangsgeschwindigkeit vorgegeben werden.

Für jeden Knoten und jede Raumrichtung entsteht so aus den Gleichgewichtsbedingungen je eine Gleichung, um die Verschiebung des Knotens in jede Raumrichtung berechnen zu können. Die Zahl der Knoten und seine Bewegungsmöglichkeiten geben damit die Größe des **Gleichungssystems** vor, das es zu lösen gilt (**Solving**). Das einmalige Durchrechnen eines Systems wird als **Iteration** bezeichnet. Manchmal müssen die Gleichungssysteme auch mehrmals berechnet werden.

Für die speziellen Gleichungssysteme, die bei einer FEM-Berechnung entstehen, gibt es angepasste **Lösungsalgorithmen**. Insbesondere enthalten solche Systeme an sehr vielen Stellen Nullen. Es gilt, Multiplikationen und Additionen mit Nullen zu vermeiden, weil sie keinen Beitrag liefern, aber Rechenzeit kosten. Moderne Lösungsverfahren brauchen zum Lösen der Gleichungssysteme – unabhängig von deren Größe – immer die gleiche Zahl an Iterationen.

Bei der **Ergebnisauswertung** (post-processing) leitet man aus den jetzt bekannten Verschiebungen und Kräften weitere Ergebnisgrößen ab, zum Beispiel **Spannungen** und **Dehnungen**. Die Werte können dann an allen Knotenpunkten angegeben und graphisch dargestellt werden. Dabei wird oft eine Farbskala verwendet, die kleinen Werten blaue Farbtöne und großen Werten rote Farbtöne zuordnet (vgl. Temperaturkarten bei der Wettervorhersage). Ein Beispiel für eine **Spannungsverteilung** ist in Abbildung 48 für die Motorplatte dargestellt.

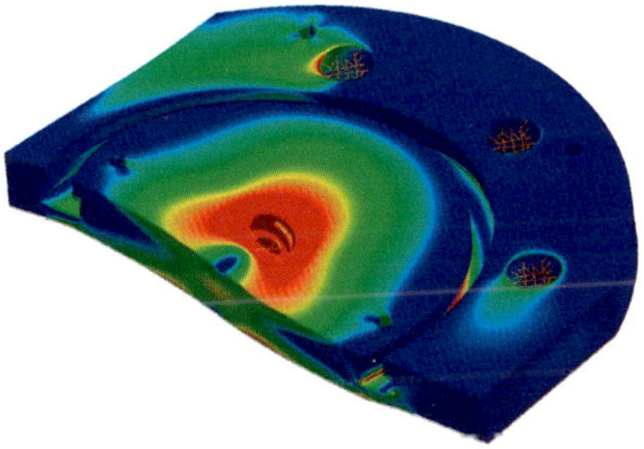

Abb. 48: Verformung und Spannungsverteilung an der Motorplatte.

Es entsteht die Frage, ob die berechneten Ergebnisse korrekt sind. Dazu muss man wissen, dass die FEM-Berechnung immer eine Näherung der eigentlichen Lösung darstellt. Es gibt zwei Möglichkeiten, wie man hier Gewissheit erlangen kann: Zum einen kann man zu der gewünschten Berechnungsaufgabe ähnliche Fälle finden, die man analytisch berechnen kann. Dann wird man genau diesen Fall auch mit der FEM berechnen und auf Übereinstimmung untersuchen.

Zum anderen kann man eine grobes, eher schlecht vernetztes Modell zuerst berechnen, um dann, mit den zur Verfügung stehenden Mitteln, z. B. die Erhöhung der Elementzahl, das Ergebnis zu verbessern. Wenn eine weitere Netzverbesserung keine Ergebnisveränderung mehr bewirkt, sind die Ergebnisse **netzunabhängig**. Zur Verbesserung der Ergebnisse gibt es folgende Wege:

I. **h-Methode**: Verringerung der Elementkantenlänge h.
Die h-Methode besagt, dass eine Netzveränderung auf Basis der Elementkantenlänge h (auch „Maschenweite" genannt) durchgeführt wird. Mit der Verkleinerung der Maschenweite nimmt auch der Näherungsfehler ab.

II. **r-Methode**: Neuverteilung von Netzknoten (Englisch: Repositioning).
Die gleiche Anzahl Knoten wird neu über das Berechnungsgebiet verteilt. Dabei verschiebt man zu geometrisch scharfkantigen Bereichen (zum

Beispiel einspringende Ecken) oder sonstigen Stellen, an denen sich die Ergebniswerte drastisch ändern können (Spannungsspitzen).

III. **p-Methode**: Polynomgrad der Ergebnisfunktion.
Die Elemente in der Abbildung 46 haben an ihren Kanten entweder zwei oder drei Knoten. An den Knoten liegen die berechneten Ergebnisse vor. Durch zwei Knoten kann man eine lineare Funktion zeichnen (linear abhängig von den Koordinaten), durch drei Knoten geht eine Parabel (quadratisch abhängig von den Koordinaten). Das sind die Näherungsfunktionen für die Lösung. Der höhere Polynomansatz liefert auch ein genaueres Ergebnis.

Für die Auslegung von umströmten oder durchströmten Produkten wird die **CFD-Methode** angewendet. Auch hierbei wird in der erläuterten Weise ein Dreischritt während der Analyse vollzogen. Für die Techniken zur Vernetzung gilt prinzipiell das Gleiche wie bei der FEM-Methode. Da hier aber in der Regel die **Finite-Volumen-Methode** angewendet wird, spricht man bei der Geometrie-Zerlegung von **Zellen**. Wurde für die FEM das Bauteil vernetzt, so ist es bei der CFD-Methode die **Kavität**, also das vom Bauteil eingeschlossene, durchströmte Volumen, oder – bei Umströmungen – das umgebenden Fluidvolumen. Zudem ergibt sich eine Besonderheit daraus, dass sich bei Strömungen in der Nähe zu Oberflächen eine **Grenzschicht** ausbildet. Um diese Grenzschicht mit der nötigen Sorgfalt vernetzen zu können, wird von CFD-Vernetzern eine gewisse Anzahl an speziellen Zellen in dieser Grenzschicht erzeugt. Diese Zellen werden vom Oberflächennetz der Bauteilwand in das Strömungsgebiet hinein extrudiert. Dadurch entstehen **prismatische Zellen** und man redet von der **Prismenschicht**. Die Randbedingungen am Strömungsein- und -austritt des Strömungsgebiets sind hier Druck- bzw. Geschwindigkeitswerte, gegebenenfalls noch Temperaturen und Turbulenzannahmen.

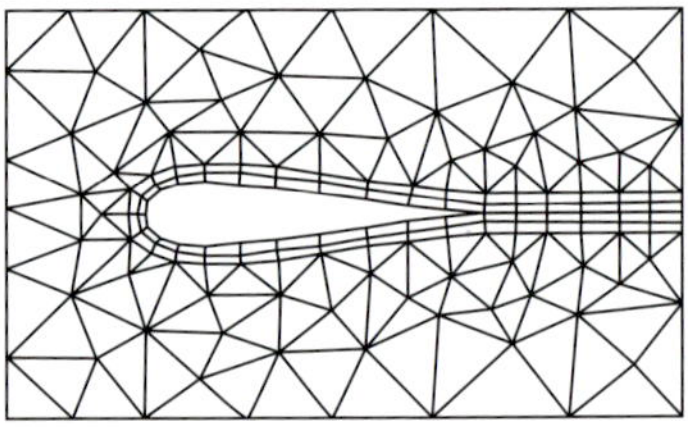

Abb. 49: Prismenschicht der wandnahen Zellen.

Abb. 50: Betrag der Geschwindigkeit bei der Fahrzeugumströmung.

Als **Materialparameter** tauchen hier die (Newtonschen) **Viskositäten** (**Zähigkeitswerte**) auf. Der genaue Aufbau eines CFD-Modells hängt entscheidend vom **Strömungsregime** ab. Die sich ergebende Strömung kann sich turbulent entwickeln oder laminar bleiben, sie kann stationär oder zeitabhängig verlaufen und sie kann als inkompressibel oder muss kompressibel berechnet werden. Im letzten Fall heißt das:

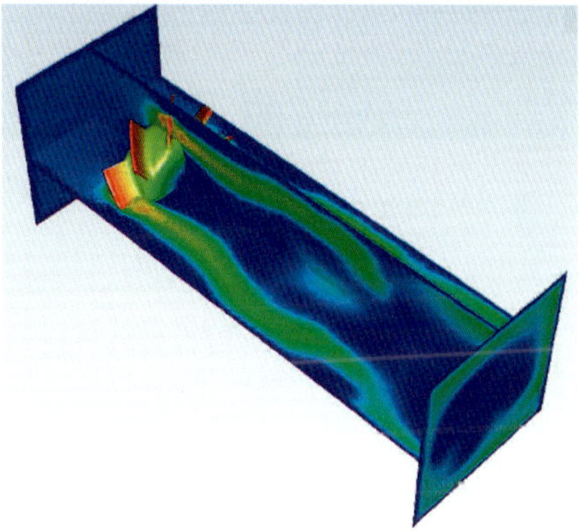

Abb. 51: Zeitabhängige Geschwindigkeitsverteilung in einem Lüftungskanal.

Man muss auch die **Energiebilanz** mitrechnen, um an jedem Ort im Strömungsgebiet die Temperatur zu kennen, die über die ideale Gasgleichung mit dem Druck und der Dichte in Relation steht. Vor der Berechnung muss man also über die adäquate Modellbildung entscheiden.

Der Ansatz bei Mehrkörpermodellen klang schon bei der Modellbildung an. **MKS-Modelle** zerlegen ein System gedanklich in (**Getriebe-**)**Komponenten** (mit verteilten Masse-Eigenschaften), **Gelenke**, **Federn** und **Dämpfer** sowie masselose **Kraft-** und **Stellelemente** (Abb. 52).

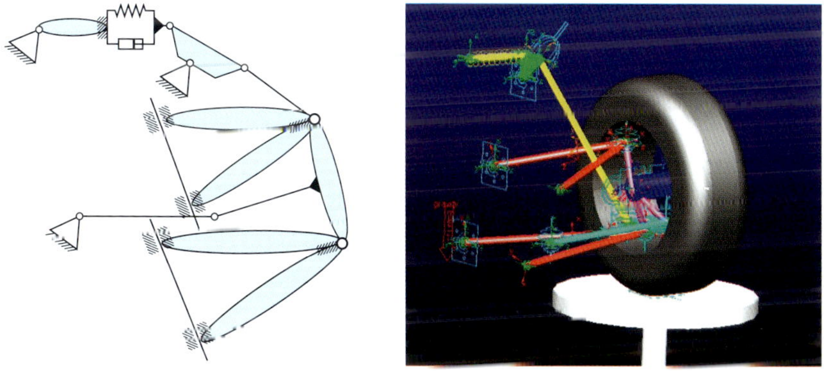

Abb. 52: MKS-Modell einer Doppelquerlenker-Radaufhängung: links symbolisch, rechts umgesetzt im Programmsystem.

Geometrieinformationen sind zudem zum Beispiel in Form von Gelenkabständen und Winkellagen der Komponenten zueinander von Belang. Die Komponenten werden als inelastisch betrachtet, verformen sich also nicht. Sie haben im Raum 3 Verschiebungs- und 3 Drehfreiheitsgrade. Die Freiheitsgrade werden durch Gelenke (Abb. 53) eingeschränkt. Die durch Gelenke eingeführten kinematischen Bewegungseinschränkungen der Komponenten werden mit Bindungsgleichungen formuliert. Sie müssen zusätzlich zu den Gleichungen der Dynamik berücksichtigt werden.

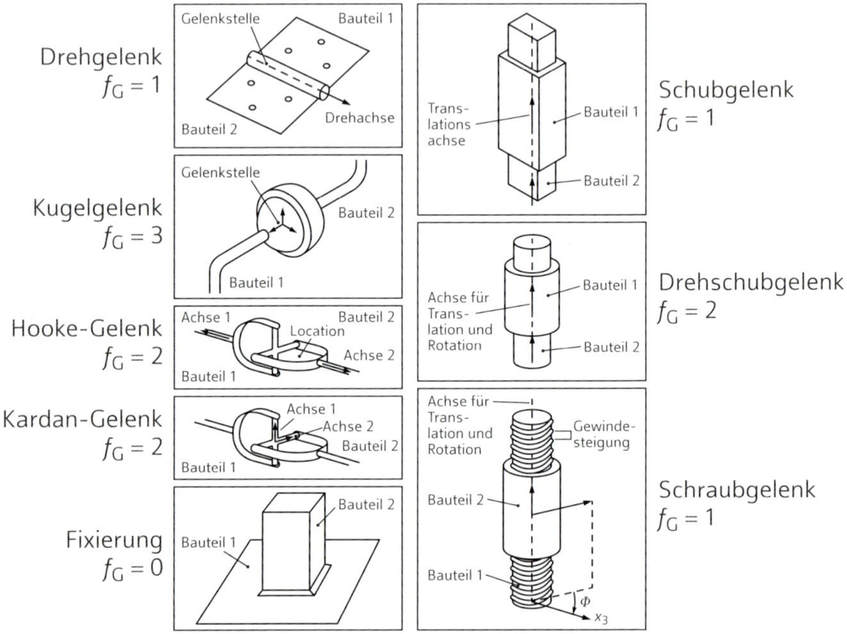

Abb. 53: Gelenkarten mit Zahl der Freiheitsgrade (f_G).

Der Gesamtfreiheitsgrad („Laufgrad") von MK-Systemen kann nach dem **Grübler-Kutzbach-Kriterium** bestimmt werden:

$$F = \sum_{i=1}^{g} f_{Gi} - 6 \cdot (g - k)$$

Darin sind f_{Gi} die Gelenkfreiheitsgrade nach Abbildung 53, g die Zahl der Gelenke und k die Zahl der Komponenten.

Ein Beispiel:

Das dargestellte, räumliche Gelenkviereck hat $k = 3$ Komponenten und $g = 4$ Gelenke. Die Freiheitsgrade pro Gelenk sind (vgl. Abb. 53):

Gelenke	G_1	G_2	G_3	G_4
f_{Gi}	1	3	3	1

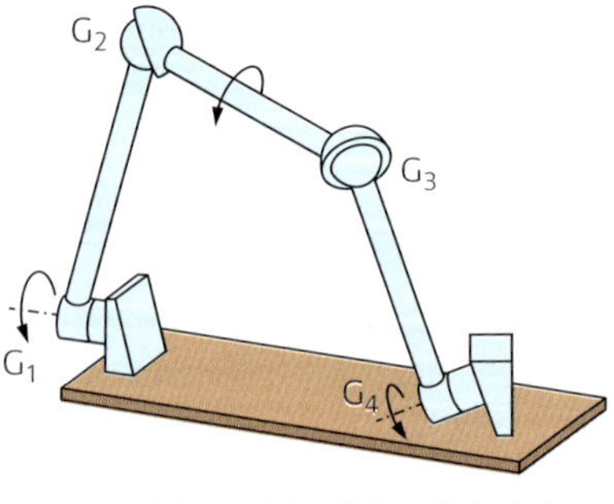

Abb. 54: Räumliches Gelenkviereck.

Damit folgt für den Laufgrad F:

$$F = \sum_{i=1}^{4} f_{Gi} - 6 \cdot (g - k) = (1 + 3 + 3 + 1) - 6 \cdot (4 - 3) = 8 - 6 = \underline{\underline{2}}$$

In den Gesamtfreiheitsgraden können MK-Systeme dynamisch Bewegungen ausführen. Die dabei auftretenden dynamischen Führungs- und Beschleunigungskräfte (≙ **Kinetik**) sowie der Bewegungsablauf (≙ **Kinematik**) sind die Ergebnisse, die mit MKS-Methoden erzielt werden können. Typische Anwendungsfelder sind die innermotorische Dynamik (Kurbel- und Ventiltriebe), Getriebe-Dynamik, die Fahrdynamik von Fahrzeugen und Roboter-Bewegungen.

3.1.2 Simulationsbasierte Entwicklung elektrischer-/ elektronischer Komponenten

Für die Entwicklung von elektronischen Produkten werden die nötigen CAE-Tools unter dem englischen Begriff **Electronic Design Automation** (**EDA**) zusammengefasst. Auf der Ebene eines mechatronischen Systems ist mit der **Platzierung** und **Verdrahtung** die Erstellung eines **Kabelbaums** verbunden. Die Platzierung elektrischer Komponenten erfolgt mit den gleichen Transformationen, wie sie auch für die mechanische Konstruktion eingesetzt werden. Dem aus der E-CAD-Anwendung hervorgegangenen Kabelbaum als mechanischem Teil der Elektrokonstruktion ist ein **Schaltplan** hinterlegt. Er bildet als integraler Bestandteil der Konstruktion den elektrischen Teil der digitalen Informationen ab. In ihm enthalten sind die Informationen über die Eigenschaften der elektrischen Komponenten, Steckverbindungen, Schalter, Sicherungseinrichtungen, Drahtlitzenstärken und die elektrische Versorgung. Jeder dieser Bestandteile hat einen Widerpart in der Bibliothek für die mechanische Ausführung seiner Gestalt. Kabelstärken mit entsprechenden Isolierungen, **minimalen Biegeradien** und **passenden Steckverbindungen** lassen sich direkt aus dieser Datenbank entnehmen. Die richtige **Kontaktierung** und Versorgung eines Bordnetzes kann mit der **elektrischen Funktionsprüfung** (Englisch: **Electrical Rule Check**, **ERC**) verifiziert werden, noch bevor ein Prototyp gebaut wurde.

Auf der Platinen-Ebene kann die **physikalische Funktionsprüfung** einer Schaltung mithilfe der **Netlist** durchgeführt werden. Sie enthält die Bauteile zwischen den Netznoten (Abb. 38). Diese Bauteile sind in ihrem physikalischen Verhalten in einer Bibliothek hinterlegt und in der Schaltung als Symbol repräsentiert. Die für das Bauteilverhalten spezifischen Parameter wurden in der E-CAD-Zeichnung an den Symbolen zu der Schaltung angegeben.

Auf Basis der (**modifizierten**) **Knotenanalyse** (Englisch: **Modified Node Analysis**, **MNA**) werden für diese Schaltungen Strom- und Spannungsverhalten an zuvor ausgewählten Knoten simuliert. Die dazu nötigen Gleichungen entstehen aus den **Kirchhoffschen Knotengleichungen**. Typische Analysearten bei analogen Schaltungen sind zum Beispiel

- Arbeitspunkt-Berechnung (Bias Point Simulation),
- Kennlinien- bzw. Verlaufsberechnung (AC/DC-Sweep Simulation) und
- zeitabhängige Berechnung (Transient Simulation).

Für alle Berechnungsarten kann zum Gleichungsaufbau im Prinzip die MNA herangezogen werden. Das Aufstellen und Berechnen der Gleichungen übernimmt das Programmsystem. Dabei sind gegebenenfalls Bauteile als **im Arbeitspunkt linearisiert** zu betrachten, was eine iterative Lösung nötig macht. Für die zeitabhängige Berechnung werden Algorithmen der **impliziten Zeitintegration** verwendet (Abb. 55).

a)

b)

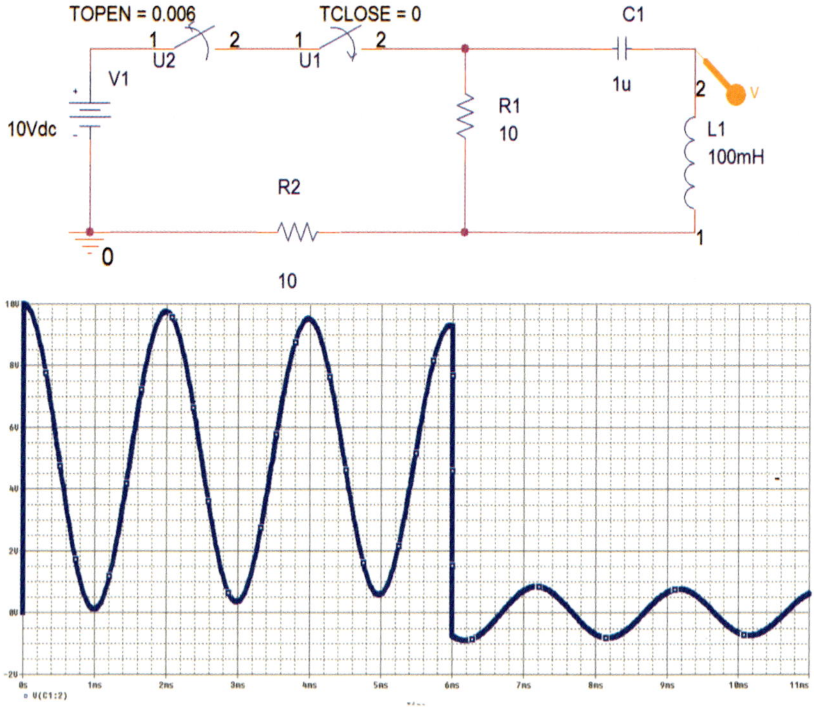

Abb. 55: a) Schwingkreis und b) Spannungsverlauf am Knoten 2 (vgl. Messspitze).

Auf diese Art kann die physikalische Funktionsprüfung auf Basis virtueller Schaltungen ohne reale Prototypen erfolgen. Es können auf virtueller Datenebene die Schritte Schaltungserstellung → Funktionsprüfung → Revision der Schaltung und so weiter zur **Schaltungsoptimierung** durchlaufen werden, bevor die Schaltungsdaten an die Fertigung weitergegeben werden.

Die eigentliche Fertigung von Platinen nach dem **PCB-Layout** kann dann ebenfalls in einem **robotergesteuerten Druck- und Bestückungsprozess geschehen**.

Auf der Chip-Ebene wird die digitale Schaltung mittels einer eigenen Sprache mit dem Namen VHDL (kurz für Very High Speed Integrated Circuit Hardware Description Language) beschrieben, die auf dem Standard IEEE 1076 aufbaut. Sie ist keine Programmiersprache, kann aber den internen Ablauf von einer Eingangsinformation in eine Ausgangsinformation simulieren.

Auf allen Ebenen sind alle elektrischen und elektronischen Prozesse von den grundlegenden Gleichungen der Elektrotechnik bestimmt, den **Maxwellschen Gleichungen**. Diese Gleichungen können mit den oben beschriebenen Kontinuumsmethoden berechnet werden und liefern die elektromagnetischen Felder des elektrischen Potentials und der magnetischen Induktion. Häufig findet man in universellen **FEM-Tools** auch die Möglichkeit, solche Berechnungen durchzuführen.

Dabei kann es um die Frage gehen, inwiefern die Vorgänge in ICs, in Schaltungen auf Platinen oder von allgemeinen mechatronischen Systemen durch elektromagnetische Felder beeinflusst werden (**elektromagnetische Verträglichkeitsprüfung EMV**). Ebenso können diese CAE-Tools auch zur Auslegung von Komponenten dienen (zum Beispiel der Schaltpunkt von Sensoren, die Auslegung von Transformatoren (Abb. 56) und Generatoren und deren Optimierung).

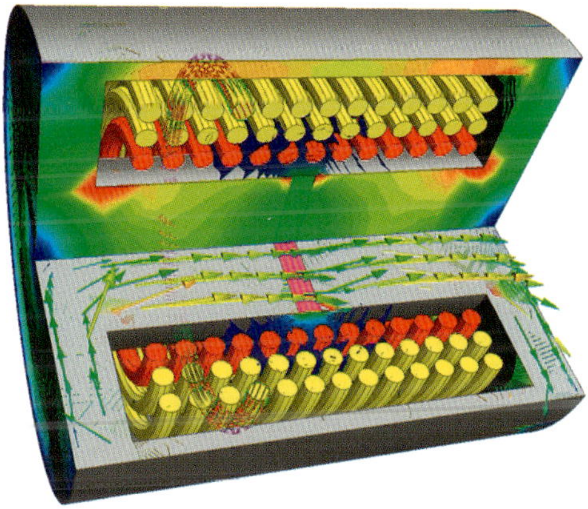

Abb. 56: Elektrisches und magnetisches Feld in einem Transformator.

Randbedingungen sind hier der magnetische Fluss bzw. das elektrische Potential. Materialwerte für Materie im Feld ist die **elektrische Permittivität** (veraltet: **Dielektrizität**) $\varepsilon = \varepsilon_r \cdot \varepsilon_0$ und die **magnetische Permeabilität** $\mu = \mu_r \cdot \mu_0$.

In den Simulationen, bei denen sich weder das **elektrische** noch das **magnetische Feld** mit der Zeit ändert, kann man die Berechnung beider Felder unabhängig voneinander durchführen. Dann kann man zum Beispiel das **Potentialfeld** um zwei Elektroden eines Kondensators nur mit der Feldgleichung für das Potential berechnen (Abb. 57). Das geht nicht mehr, wenn sich die Bauteile zum Beispiel in einem Wechselstromkreis befinden. Dann sind das elektrische und das magnetische Feld miteinander gekoppelt und müssen gleichzeitig gelost werden (Abb. 56). Für die regenerative Energieerzeugung und die Fragestellungen der **Elektromobilität** sind diese Methoden zur Förderung der Potentiale von Generatoren und Elektro-Motoren essenziel erforderlich.

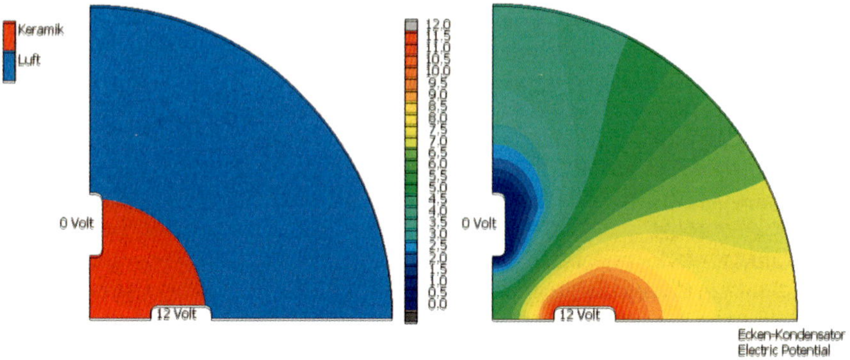

Abb. 57: „Ecken-Kondensator", links: Materialverteilung, rechts: Potenzialfeld.

3.2 Prozesssimulation

Die **Prozesssimulation** im Sinne der Logistik des Warentransportes auf dem Straßennetz, des Materialflusses in Unternehmen und der menschlichen Ergonomie am Arbeitsplatz sind hier nicht Gegenstand der Betrachtung. Das heißt nicht, dass das jeweilige Thema nicht mit den Mitteln der Simulation zugänglich gemacht werden könnte. Als Beispiel sei auf die Möglichkeit der Ergonomie-Simulation mit Anybody® (CAD-FEM) hingewiesen (Abb. 58). Hier sollen im Besonderen die **Fertigungsverfahren** der **Formgebungsprozesse** gemäß der DIN 8580 in Vordergrund stehen, beispielhaft gezeigt an einigen **Urform-**, **Umform-** und **Bearbeitungsprozessen**.

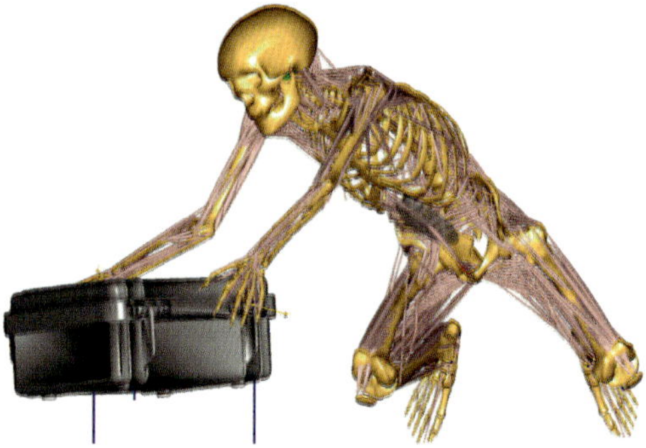

Abb. 58: Ergonomie-Simulation mit Anybody® (CADFEM).

Zum einen sind die Simulationen, die man in diesem Bereich durchführen kann, für sich eine Möglichkeit, um die Prozessabläufe zu optimieren.

Zum anderen gibt es in Produkten und Bauteilen aufgrund der Prozessführung bestimmte inhomogene Materialeigenschaften, die einem aus homogenen Material gefertigten Volumen nicht eigen sind. Daher müssen in der Funktionsauslegung solcher Komponenten die entscheidenden Informationen des Entstehungsprozesses bekannt sein.

3.2.1 Urformprozesse

Urformprozesse stellen Halbzeuge und Produkte aus Material in unterschiedlichem Aggregatzustand oder verschiedener Körnung her. Von großer technischer Bedeutung für den Werkzeug- und Automobilbau sind die Gießverfahren. Bei den **Gießverfahren** muss man zwischen den Verfahren der Metall- und Kunststoffverarbeitung unterscheiden.

Abb. 59: Eigenspannungen (links) und Geometrie (rechts) eines Motorblocks nach dem Gießvorgang.

In der Formauslegung benötigt man Kenntnisse über die **Temperaturverteilung** und -veränderung während des Gießprozesses, um **thermische Eigenspannungen** zu vermeiden. Weiterhin könnte es – noch bevor die Form gänzlich gefüllt ist – zu **Erstarrungsfronten** kommen, die das Weiterfließen der Schmelze blockieren. Zu vermeiden sind ebenfalls **Einfallstellen** (entstehen durch Materialanhäufungen) und **Mikro-Porosität** bzw. **Lunker** (Hohlstellen); zu berücksichtigen ist auch die **Schwindung** nach dem Entfromen. Ebenso von Relevanz sind die Positionierung des **Zuführkanals** und die **Formenteilung**.

Zu allen diesen Fragen kann mithilfe der **CAD-Geometrie** eine **Füllsimulation** ohne reale Prototypen durchgeführt werden. Besondere Beachtung verdient die Simulation von Gießvorgängen, da durch diese Verfahren überhaupt erst ein Einblick in die Vorgänge in der Form während des Gießprozesses möglich ist. Grundlegendes Simulationsverfahren ist auch hier die **FEM**. Simuliert werden das Einströmen der Schmelze in die **Kavität** der Form und gleichzeitig der Wärmetransport aus der Schmelze in die Wand der gekühlten Form durch den dort stattfindenden Wärmeübergang

Randbedingungen sind die Fließgeschwindigkeit und -temperatur am Eintritt des Zuführkanals und der Wärmeübergang an der Formenwand. **Materialwerte** sind die **Zähigkeit** der Schmelze, die **Wärmeleitfähigkeit** und die **Wärmekapazität** der Schmelze bzw. des Feststoffs.

In der modernen Fertigung von Kunststoffteilen werden zur Aussteifung von Bauteilen häufig Verbundwerkstoffe eingesetzt. Das in eine Kunststoffmatrix eingebrachte Material ist dabei oft faserförmig (Englisch: **Fibre Reinforced Plastics**, **FPR**). Im Rahmen der Untersuchung von Verbundwerkstoffen tritt eine weitere Frage an die Simulation von Gießvorgängen heran:

> Wie sind die beigefügten Fasern im Verbund nach dem Gießprozess ausgerichtet?

Die **Fasersausrichtung** hat großen Einfluss auf den Spannungsverlauf innerhalb eines belasteten Bauteils. Hier liegt offenkundig ein Zusammenhang der Bauteileigenschaften mit der Prozessführung vor. Bevor man aber die Ausrichtung im Verbund berücksichtigen kann, muss man sie bestimmen und dann in das FEM-Modell übertragen. Die Füllsimulation der Form liefert ohnehin die Geschwindigkeit, mit der die Schmelze an jedem Punkt der Form fließt. Die Richtung des Geschwindigkeitsfeldes kann in erster Näherung als die Ausrichtung der Faser angesehen werden. (Abb. 60).

Abb. 60: Faserausrichtung als Ergebnis der Füllsimulation einer Form.

Dies ist dann im technischen Rahmen korrekt, wenn a) die Fasern ihrerseits leicht sind und b) den Fließprozess nicht durch Anhaften an der Schmelze behindern. Tritt einer der beiden Fälle doch ein, muss eine mehrphasige Simulation erfolgen, die den Kräfteaustauch zwischen beiden Phasen berücksichtigt.

Ein weiterer, hier interessanter Urformprozess ist die schnelle Herstellung von Prototypen (**Rapid Prototyping** (**RP**)). Ebenso ist hier die generative Fertigung von Formkernen oder Funktionsteilen mit einem schichtförmigen Aufbau aus flüssigen, zähflüssigen oder pulverförmigen Materialien (**Additive Fertigung**, Englisch: **Additive Manufacturing** (**AM**)) interessant.

Beide Prozesse nutzten im Prinzip die gleichen Verfahren, bei denen die Geometrie in ebene Schnitte senkrecht zu einer kartesischen Koordinatenrichtung (z-Richtung) aufgebaut wird. In der Art, wie in jeder Schicht Material aufgebaut wird, unterscheiden sich die Verfahren. Einige dieser Verfahren sollen hier kurz vorgestellt werden:

- **Laminated Object Manufacturing (LOM)**
  Laminatschichten-Aufbau aus unter Druck und Wärme verklebten Folien, zum Beispiel aus Papier. Die Kontur jedes Z-Schnittes durch die Geometrie wird durch einen Laser ausgeschnitten. *Ziel: RP.*
- **Stereo-Lithographie (STL)**
  Punktuelles UV-Laserhärten von Z-Schnitten an der Oberfläche eines Flüssigharzes (Foto-Polymerisation). Epoxid- und Acrylharze. *Ziel: RP.*
- **Selective Laser Sintering (SLS)**
  Laseraktiviertes, lokales Verschmelzen pulverisierter Werkstoffe. Polystyrene, Polyamide, GF-PA. *Ziel: RP.*
- **Fused Deposition Modeling (FDM)**
- Thermoplastische Kunststoffe schichtweise im Schmelzverfahren auftragen. *Ziel: RP, AM.*
- **Three-Dimensional Printing (3DP)**
  3D-Druck wie Tintenstrahldrucker, aber statt einer Tinte wird Kleber verwendet. Schichtweiser Kleberauftrag selektiv auf Pulver. Plastik, Metall, Keramik, *Ziel: RP, AM.*
- **Direct Metal Laser Sintering (DMLS)**
  Wie SLS, aber mit Metallen bzw. Metallgemischen. *Ziel: RP, AM.*

Diese Verfahren liefern jetzt Möglichkeiten, die es zuvor nicht gab. Ein Beispiel ist der in Abbildung 61 dargestellte Wärmetauscher. Die hier zu sehenden, hintereinander liegenden Streben und Rippen entziehen sich herkömmlichen Fertigungsverfahren.

Der PDM-Prozess wird im Bereich additive Fertigung und RP fortgeführt durch die Datenbereitstellung der Geometrie aus dem CAD-System, zum Beispiel in Form einer STL-Datei. Abbildung 62 zeigt die Oberflächen-**Tesselierung** einer Lasche. Im DMSL-Fertigungssystem muss dann die Ausrichtung zur Z-Achse gewählt und die Schichtdicke festgelegt werden. Das System setzt dann alle Informationen in ein Programm für die Lasersteuerung um, wie dies auch beim CAM-Prozess nötig ist.

Abb. 61: Optimierte Wärmetauscher-Geometrie.

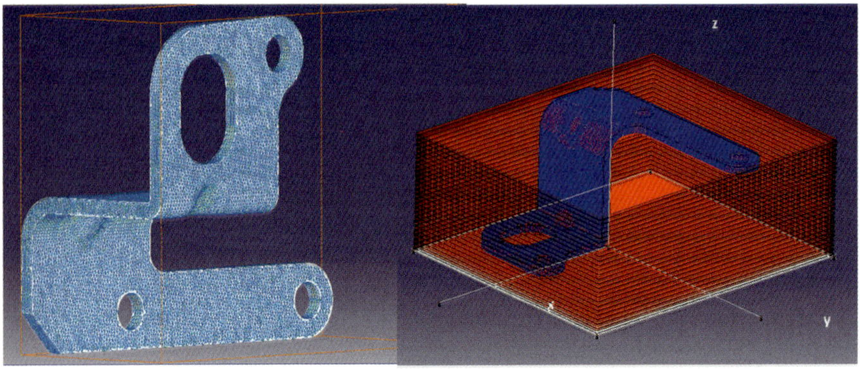

Abb. 62: Lasche. Tesselierung (links), Bauteilorientierung und z-Schnitte (rechts).

Auf der anderen Seite müssen die Funktion und Festigkeit abgesichert werden. Die spezifischen Werkstoff-Eigenschaften eines Teils aus der additiven Fertigung sind nicht direkt einer Tabelle zu entnehmen. Vielmehr sind sie ein Ergebnis des Fertigungsprozesses. Der Prozess ist am ehesten vergleichbar mit einem Schweißvorgang, bei dem auch Material durch Aufschmelzen aufgebracht wird. Damit sind prinzipiell die Berechnungsverfahren für die **additive Fertigung** in FEM-Paketen zugänglich. Welches **Gefüge** sich ausbildet und wie sich die inneren **Spannungen** und der **Verzug** entwickeln, kann damit virtuell geklärt werden.

3.2.2 Umformprozesse

Umformverfahren teilt die Norm DIN 8580 in **Druck-**, **Zug-**, **Zugdruck-**, **Biege- und Schubformen** mit Bezug auf die wirkenden Spannungen in der Verformungszone ein. All diese Prozesse basieren auf **plastischen Materialeigenschaften** der Werkstoffe. Das sind solche Verformungen, die nach der Krafteinwirkung im verformten Zustand zurückbleiben. Man unterscheidet dabei zwischen Kalt- und Warmumformung.

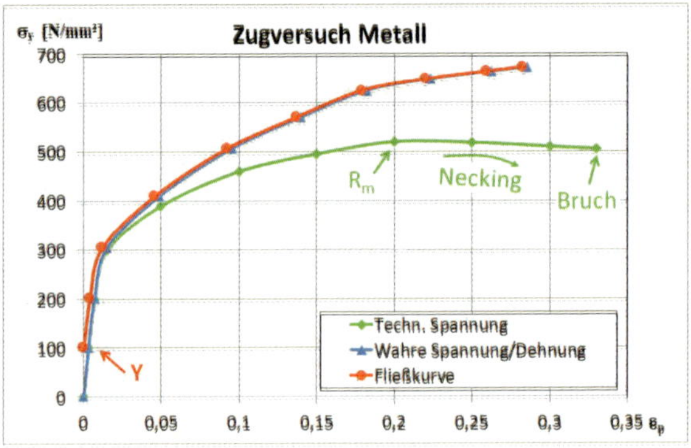

Abb. 63: Zugversuch eines metallischen Werkstoffs: technische- bzw. wahre Spannung und Fließkurve.

Warmumformung passiert oberhalb der **Rekristallisationstemperatur** T_R, wodurch sich während des Prozesses stets eine Rekristallisation im Werkstoff vollzieht. Dadurch wird die beim Kaltumformen auftretende Verfestigung vermieden. Die Temperatur T_R

ist ca. halb so hoch wie die Schmelztemperatur T_S, also $T_S \approx 0{,}5\ T_R$. In Abhängigkeit von der Form der eingesetzten Halbzeuge bzw. Rohteile bilden sich Techniken zur Blech- und Massivumformung. Vorrausetzung für das Einsetzten der **plastischen Verformung** ist das Erreichen der **Fließspannung**.

Die Fließspannung kann sich während des Verlaufs des Umformprozesses ändern. Steigt sie an, spricht man von **Verfestigung**, fällt sie ab, spricht man von **Entfestigung**. Der Zusammenhang ist abhängig von der Verformung, die das Material bereits erfahren hat. Der Zusammenhang zwischen der Höhe der Fließspannung und der plastischen Verformung kann aus **Fließkurven** entnommen werden (Abb. 63). Solche Fließkurven sind wichtig, um die Verformungsprozesse durch Simulation erfassen zu können. Sie müssen als Angaben für die **plastischen Materialeigenschaften** im **FEM-Programm** hinterlegt werden.

Man gewinnt Fließkurven zum Beispiel auf Zugversuchen. Mit diesen Angaben sind prinzipiell die Voraussetzungen geschaffen, um jede Art von Umformprozess mittels FEM zu berechnen. Das gilt nicht nur für **Fertigungsprozesse**, sondern auch für die Absicherung von Bauteileigenschaften. Dazu zählt zum Beispiel die **Crashberechnung** (die auch als ein Blechumformvorgang betrachtet werden kann). Als Beispiel ist in Abb. 64 die Verformung eines Längsträgers bei einem Frontalaufprall dargestellt.

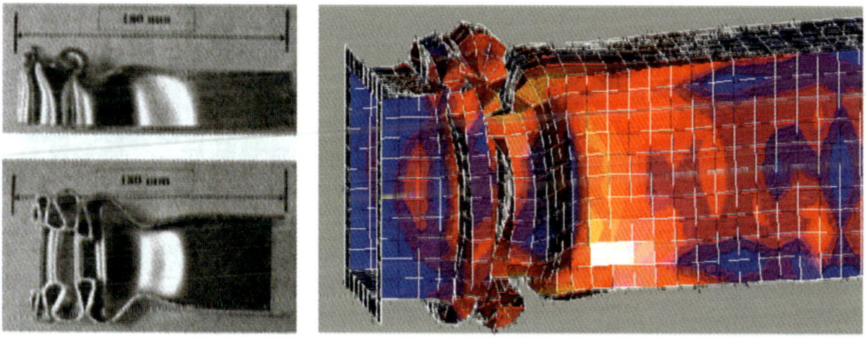

Abb. 64: PKW-Längsträger nach einem Frontalcrash. Experiment (links) und Simulation (rechts)

Die hier erwähnten notwendigen Materialwerte müssen zur vollständigen Beschreibung der Vorgänge noch um weitere Modellvorstellungen ergänzt werden. Diese Ergänzungen sind in FEM-Programmen implementiert.

3.2.3 Spanende Bearbeitung

Die spanende Bearbeitung bildet eine Untergruppe der Trennverfahren, wobei unterschieden wird, ob die Schneide geometrisch bestimmt oder unbestimmt ist. Zu den Trennverfahren mit bestimmter Schneide gehören die Fertigungsverfahren wie **Drehen**, **Fräsen**, **Bohren** und **Senken**.

Bei der Frage nach der virtuellen Darstellung dieser Prozesse gibt es zwei zu unterscheidende Sichtweisen:

Zum einen kann der Trennvorgang mit einer mikroskopischen Sichtweise betrachtet werden, um die **Spanbildung** (Abb. 65) und dabei das Verhalten der Schnittgrößen (**Schnittgeschwindigkeit**, **Schnittkraft**) zu beobachten. Trennvorgänge werden heute ebenfalls mit FEM-Methoden berechnet. Eine mögliche Technik dabei ist die stetige **Neuvernetzung** des Materials und des Spans während des Berechnungsvorgangs.

Abb. 65: Simulation der Spanbildung © Dassault Systèmes Simulia Corp. 2015

Zum anderen soll das Trennverfahren auf einer Werkzeugmaschine ablaufen. Dazu soll im Sinne der virtuellen Produktentstehung der Zerspanprozess ohne manuellen Eingriff ablaufen können. Dieser Fall betrifft die Anwendung von CAM-Systemen.

CAM-Anwendungen

Diese Anwendungen werden ermöglicht durch die Steuerung mittels CNC-Programmen. Das „M“ im Namen steht dabei für das englische Wort **manufacturing**.

CNC-Programme

In der modernen Fertigung und Produktion arbeiten Werkzeugmaschinen auf Basis der **CNC-Steuerung**. Das Kürzel **CNC** steht für den englischen Begriff **Computerized Numerical Control**. Ein CNC-Programm sorgt hier für die Bewegungskontrolle der Werkstückachsen zu den Werkzeugachsen. Daraus resultiert eine beachtliche Rationalisierung der Fertigung.

```
N0060 ...
N0070 G00 X45 Y50 Z1
N0080 G01 Z-2 F50
N0090 G01 X60 F30
N0100 G01 Y70
N0110 G00 Z1
N0140 ...
```

Abb. 66: CNC-Programm nach DIN 66025 (Ausschnitt).

Ein CNC-Programm kann als Text in einen Editor eingegeben werden, direkt an einer CNC-Maschine erstellt oder auf Basis von CAD-Daten aus der Bauteilgeometrie abgeleitet werden (**CAD-CAM-Anwendung**). Damit ist ein weiterer Rationalisierungsschritt erzielt worden.

Die Anweisungen eines CNC-Programmes sind genormt nach **DIN 66025**.

Beispiel: CNC-Programm

Ein Satz beginnt mit einer fortlaufenden Programmzeilennummer, jeweils mit „N“ gekennzeichnet. Darauf folgen entweder Weg- oder Schaltanweisungen. Satz 70 enthält die Weganweisung, im Eilgang (G00) an die Werkzeugposition (x, y, z) = (45, 50, 1) zu verfahren. Satz 80 erzwingt einen Arbeitsvorschub mit 50 mm/min auf die Zielposition z = 2.

Je nach Maschinenhersteller kommen eigene Spracherweiterungen hinzu (zum Beispiel von Zenit oder Heidenhain). Das Programm wird aus Sätzen aufgebaut, die jeweils in einer Zeile stehen (Abb. 66).

CAD-CAM-System

Diese Systeme nutzen direkt über die virtuelle Prozesskette die CAD-Volumenkörper zur Erstellung eines CNC-Steuerprogramms für eine Werkzeugmaschine. Das CAD-CAM-System verknüpft beide Welten. In solchen Systemen wird zwischen Werkzeugmaschinentypen für das Bohren, Drehen oder Fräsen unterschieden. Nachdem der Maschinentyp festgelegt ist, wird eine sogenannte **PPR-Verfahrensstruktur** angelegt, die aus drei Rubriken besteht (Abb. 67):

In der ersten Rubrik, der **Prozessliste**, sind alle einzelnen Bearbeitungsprogramme für die Bohr-, Dreh- bzw. Fräsprozesse (Abb. 67) gelistet, die zur Fertigstellung aus dem Rohteil abgearbeitet werden müssen. Der Ablauf beginnt mit der Aufspannung.

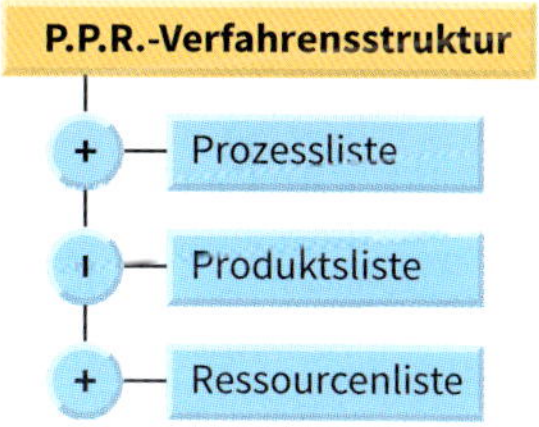

Abb. 67: PPR-Struktur des Bearbeitungsprogramms.

In der **Produktliste** sind alle CAD-Modelle enthalten:

Rohteil (rot) ①, Fertigteil ②, Spannvorrichtungen ③ und Maschinentisch ④ (Abb. 68).

Die **Ressourcenliste** enthält alle zur Fertigung nötigen Werkzeuge (zum Beispiel Fräser ⑤ und Bohrer), die gegebenenfalls auch gewechselt werden. In den Bearbeitungsprogrammen werden die Startposition, Schnittwerte, Zustellung und benutzen Werkzeuge angegeben. Anschließend werden die zu bearbeitenden Flächen, die vorhandenen Hindernisse (zum Beispiel Spannmittel ③) und der Rohteilrand sowie die **Frässtrategie** (hin und her bzw. von innen nach außen) angegeben. Jetzt kann die Bearbeitung simuliert werden und liefert zum Beispiel die grün markierten Angaben in Abbildung 68. Man erhält als Ergebnis die Bearbeitungszeit, den Materialabtrag und die Fräsbahn.

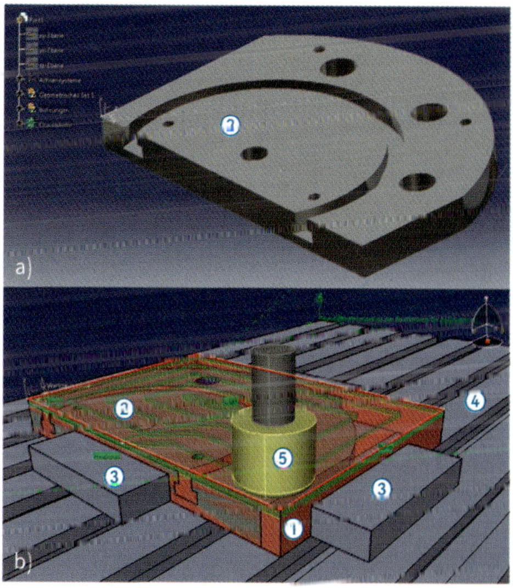

Abb. 68: a) Fertigteil und b) Frässimulation für das Bearbeitungsprogramm „Rohteil plan Fräsen".

Aus der Liste der Beabeitungsprogramme entsteht das Fertigteil. Ein maschinenspezifisches CNC-Programm kann abschließend exportiert werden.

Weiterführende Literatur

[1] Eigner, M. et al.: „Modellbasierte Virtuelle Produktentwicklung“. Springer Verlag, Berlin/Heidelberg, 2014

[2] Vajna, S. et al.: „CAx für Ingenieure. Eine praxisbezogene Einführung“. Springer-Vieweg, Wiesbaden, 2018

[3] IAV GmbH (Hrsg.): „Virtuelle Produktentwicklung“. Vogel Business Media GmbH, Würzburg, 2013

[4] Braess, H. H.; Seiffert, U. (Hrsg.): „Vieweg Handbuch Kraftfahrzeugtechnik“. Springer Vieweg Verlag, Wiesbaden, 2013

[5] Zickert, G.: „Elektrokonstruktion. Engineering mit EPLAN“. Fachbuchverlag Leipzig im Carl Hanser Verlag, München, 2019

[6] Meywerk, M.: „CAE-Methoden in der Fahrzeugtechnik“. Springer Verlag, Berlin/Heidelberg, 2007

[7] Lee, K.: „Principles of CAD/CAM/CAE Systems“. Addison Wesley Longman Inc., Reading, 1999

[8] Woernle, Ch.: „Mehrkörpersysteme“. Springer Verlag, Berlin/Heidelberg, 2011

[9] DIN 8580: „Fertigungsverfahren. Begriffe und Einteilungen“. 2003-09

[10] DIN 66025: „Programmaufbau für numerisch gesteuerte Arbeitsmaschinen“. Teil 1: Allgemeines, 1983-05

[11] Mitzner, K. et al.: „Complete PCB Design Using OrCAD®Capture and PCB Editor“. Elsevier Inc., 2019

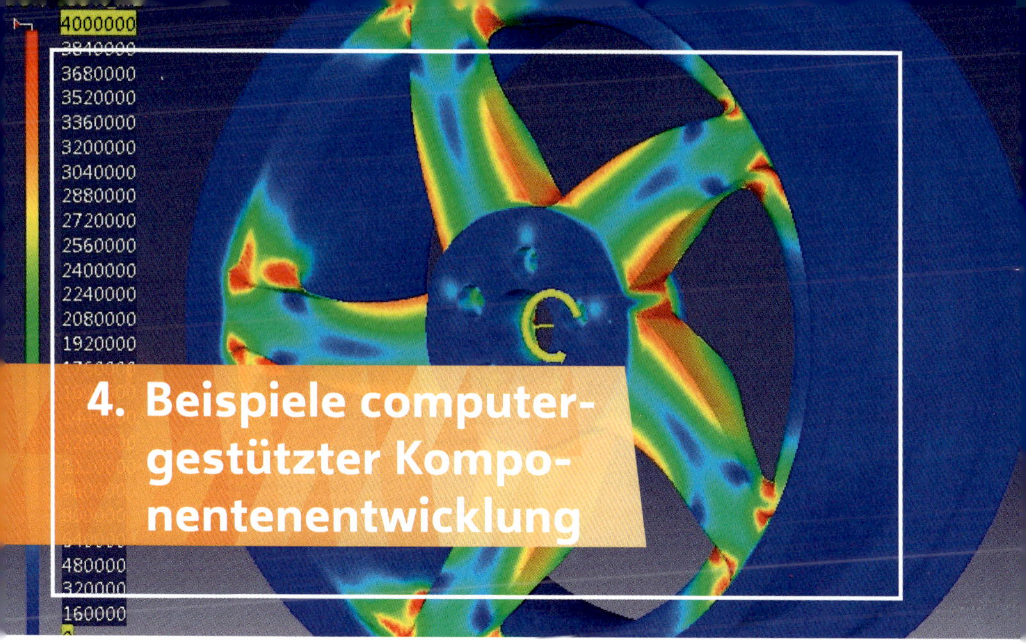

4. Beispiele computergestützter Komponentenentwicklung

4.1 CAD-Konstruktion einer Aluminiumfelge mit CATIA V5-6®

Als Beispiel für eine Volumengeometrie soll hier eine Aluminiumfelge in Anlehnung an die DIN 7817-7.5J x 16S zur Vereinfachung mit symmetrischem Bett konstruiert werden. Demnach hat sie eine **Maulweite** von 190,5 mm und einen **Felgenradius** von 202,8 mm (Abb. 69).

Als Strategie wird die Geometrie in einen Felgenring, Speichen und eine Nabe eingeteilt. Der Aufbau der Volumengeometrie soll **skizzenbasiert** erfolgen, durch **Features** aufbereitet und mithilfe **Boolescher Operationen** zusammengebaut werden. Die verwendete CAD-Anwendung soll dabei CATIA V5-6® sein.

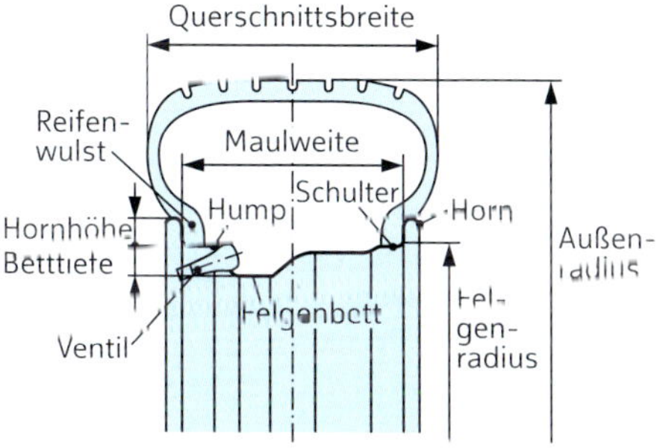

Abb. 69: Auf Felge montierter Reifen.

Nach dem Start durch <DML> auf das Icon öffnet sich CATIA und darin standardmäßig ein Fenster mit der Bezeichnung „Produkt1“ oben links. Dieses Fenster durch <ML> auf das x Symbol im Fensterrahmen oben rechts schließen. Man wählt in der Menüleiste unter [Start] die **Arbeitsumgebung** [Mechanische Konstruktion] und darin [Part Design] für die 3D-Teilekonstruktion (Englisch: Part Design) (Abb. 70). In einem aufgehenden Fenster kann man den [Teilenamen eingeben], hier zum Beispiel „Felge“, danach folgt [**Hybrid-Konstruktion** ermöglichen] und [Ein **geometrisches Set** erzeugen] und mit [OK] bestätigen:

Ein Graphikfenster mit dem Bauteil „Felge“ öffnet sich; links oben erscheint der **Strukturbaum** mit dem [Geometrischen Set1], dem [**Hauptkörper**] als Objekt und den Koordinaten-Ebenen; rechts oben der **Kompass** zum Ausrichten von Objekten (Abb. 71). An der rechten Seite des Graphikfensters, oben, ist die Umgebung [Part Design] angezeigt und darunter die Funktionsleisten zur Geometrieerzeugung abgelegt (Abb. 71). Sollte eine Funktionsleiste nicht angezeigt werden, kann sie unter [Ansicht][Symbolleisten] gefunden werden.

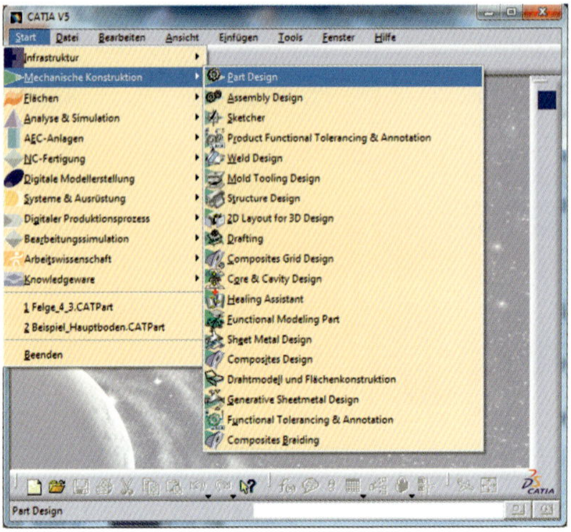

Abb. 70: Umgebung Part Design.

In dem geometrischen Set sollen alle Skizzen gesammelt werden. Die nötigen Skizzen sind in der Abbildung 71 bereits dargestellt, müssen aber noch erzeugt werden.

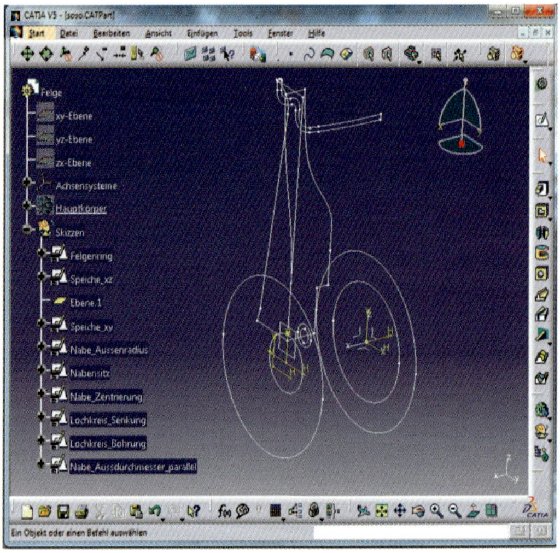

Abb. 71: Nötige Skizzen im gleichnamigen geometrischen Set.

Zuerst wird ein Achsensystem unter dem Menüpunkt [Einfügen] [Achsensystem] mit den Standardwerten im Achsenmittelpunkt eingefügt. Skizzen werden auf Ebenen erstellt. Durch <ML> aktiviert man die yz-Ebene im Strukturbaum und dann öffnet man die Skizzenumgebung für eine [Positionierte Skizze]. Im Achsensystem sieht man in Rot die Skizzenkoordinaten H und V und im Fenster [Positionierung der Skizze] ist als Referenz die yz-Ebene angezeigt. Man bestätigt mit [Ok] und gelangt in die Skizzierer-Umgebung (rechts oben angezeigt). Im Strukturbaum ist die [Skizze*] angelegt worden und in der Mitte des Graphikbereiches sieht man die Skizzenkoordinaten H und V in gelb. Zur Orientierung muss man die Graphik mit der Maus manipulieren, um eine Auswahl treffen zu können (Tab. 5):

Operation	Maustastenbelegung
Verschieben	<MM> gedrückt haltend bewegen.
Rotieren	<MM> und <ML> (bzw <MR>) gedrückt haltend bewegen.
Zoomen	<MM> gedrückt haltend und kurz <MR> (oder <ML>).
Einzelauswahl	<ML> auf auszuwählendes Element.
Gruppen-auswahl	<ML> gedrückt haltend einen Rahmen, um auszuwählende Elemente aufziehen und dann loslassen.

Tabelle 5: Maustastenbelegung in CATIA.

Zurück zur Ausgangsdarstellung gelangt man über [Senkrechte Ansicht] und [Alles einpassen] (Menü unter der Graphik). Die rechtsseitigen Funktionsleisten enthalten [Bedingungen] (Maße und Zwangsbedingungen) sowie unter [Profil] Profilfiguren. Ein kleines schwarzes Dreieck an den Symbolen unten rechts deutet ein Auswahlmenü an. Wir beginnen der Einfachheit halber mit der Skizze „Nabe_Aussenring“ (R = 75 mm). Aus dem Funktionsmenü [Kreis] wählt man die erste Option (Kreis aus Mittelpunkt und Radius). Die Funktion ist aktiviert (färbt sich rot!) und ein <ML>-Klick in den Hintergrund legt den Mittelpunkt fest, ein Verschieben der Maus zieht den Kreis auf, ein weiterer <ML>-Klick erzeugt den weißen Kreis. Das Ergebnis zeigt die Abbildung 72. Der Kreis muss noch positioniert und bemaßt werden. Ein Doppelklick auf das Radienmaß öffnet das Fenster [Bedingungsdefinition} mit dem Eingabefeld [Radius]. Hier gibt man „75 mm“ ein und bestätigt mit [Ok].

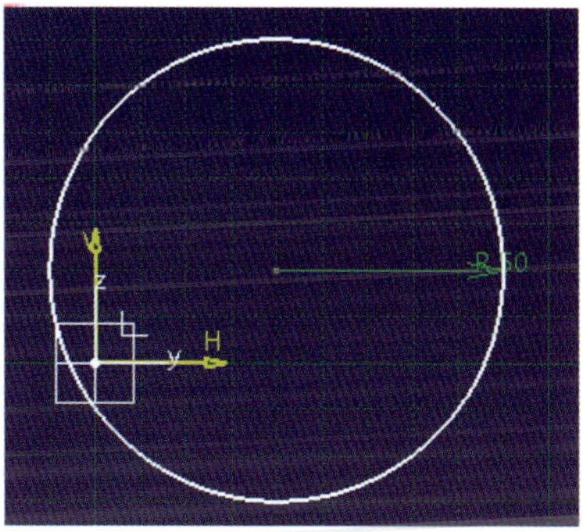

Abb. 72: Kreis im Skizzierer.

Man klickt weiter den Kreismittelpunkt mit <ML> an, er färbt sich rot (ist aktiviert) und mit gedrückter [Strg]-Taste wählt man den Skizzenursprung im H/V-System (färbt sich auch rot). Jetzt öffnet man das [Im Dialogfenster definierte Bedingungen]-Fenster (Abb. 73).

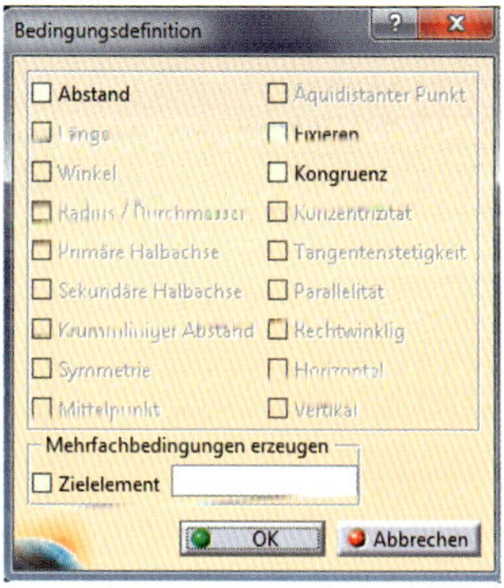

Abb. 73: Im Dialog definierte Bedingungen.

Darin wählt man die Option [Kongruenz], um den Kreis im Skizzenursprung zu positionieren. Damit ist der Kreis in seiner Lage und Größe eindeutig in Bezug auf die Skizzenkoordinaten bestimmt (und färbt sich entsprechend grün; Iso-Bestimmtheit). Die Skizze ist fertig und man verlässt den Skizzierer durch (rechte Funktionsleiste, oben).

Im Strukturbaum nennen wir den Eintrag [Skizze*] *„Aussenradius_Nabe“*. Dazu bewegt man die Maus über den Eintrag im Strukturbaum, drückt <MR> und wählt im aufgehenden Fenster [Eigenschaften]. Unter [Komponenteneigenschaften] im Eingabefeld [Komponentenname] trägt man den Namen ein und bestätigt mit [Ok]. Der neue Name erscheint im Strukturbaum. Auf der gleichen Ebene müssen analog zum eben beschriebenen Vorgang noch die Skizzen für den *„Nabensitz“* (R50) und die *„-zentrierung“* (R25) erstellt werden. Das Ergebnis zeigt Abbildung 74.

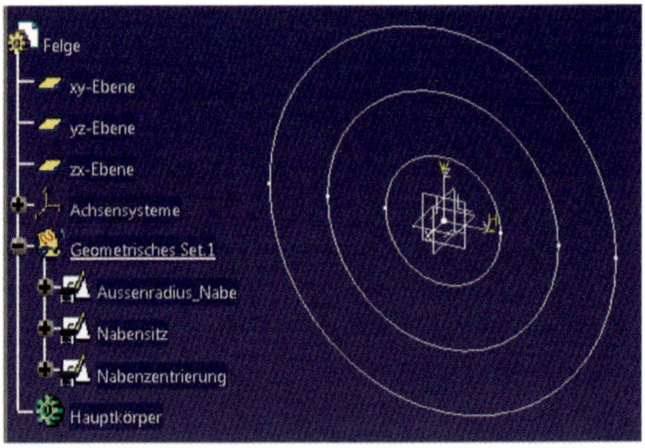

Abb. 74: Drei Skizzen zur Nabenerzeugung.

Jetzt werden aus den Kreisen zylindrische Blöcke erstellt, die über Boolesche Operationen zur Nabe verbunden werden. Während Draht- und Flächengeometrie in geometrischen Sets abgelegt werden, werden Volumenkörper unter [Körper] erstellt. Man aktiviert zunächst den Hauptkörper durch Überfahren mit der Maus, darauf folgt <MR> und dann im sich öffnenden Fenster [Objekt in Bearbeitung definieren]. Der Hauptkörper erscheint jetzt unterstrichen. Danach erstellt man einen Strukturbaumeintrag durch die Option im Hauptmenü [Einfügen] und darin [Körper].

Jetzt ist der neue Eintrag [Körper*] unterstrichen (das heißt, das Objekt ist in Bearbeitung). Aktivieren Sie den Aussenradius_Nabe durch <ML> (er wird rot; also: aktiviert). In der Funktionengruppe [Auf Skizzen basierende Komponenten]  wählt man die erste Option [Block] . Das Fenster [Definition des Blocks] öffnet sich und in der Graphik wird eine Vorschau der extrudierten Geometrie angezeigt. Man sieht ein Eingabefeld für eine erste Begrenzung und durch Drücken auf [Mehr>>] ein weiteres Eingabefeld für eine zweite Begrenzung (Abb. 75). Die Eingabe [Erste Begrenzung] = 105 mm und [Zweite Begrenzung] = – 25 mm, abgeschlossen mit [Ok], erzeugt den Block in Abbildung 75. Er ist unter [Körper] abgelegt. Man sollte ihn noch umbenennen in *„Rohteil Nabe“*. Im An-

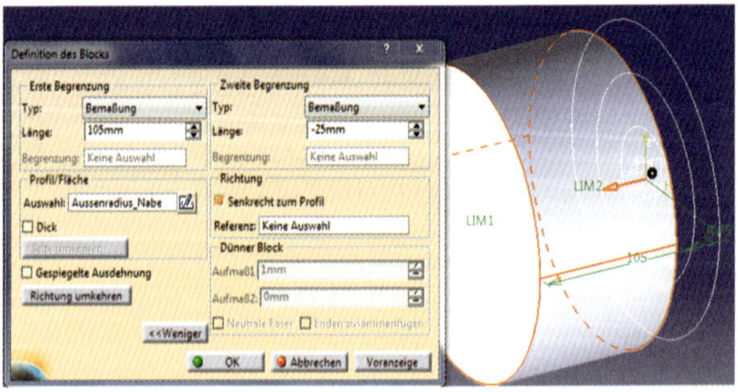

Abb. 75: Block „Rohteil Nabe“.

schluss werden mit den gleichen Schritten der Block „*Nabensitz*" (nur [Erste Begrenzung]= 50 mm) und der Block „Nabenzentrierung" (zwei Begrenzungen: 110 mm und 50 mm) extrudiert.

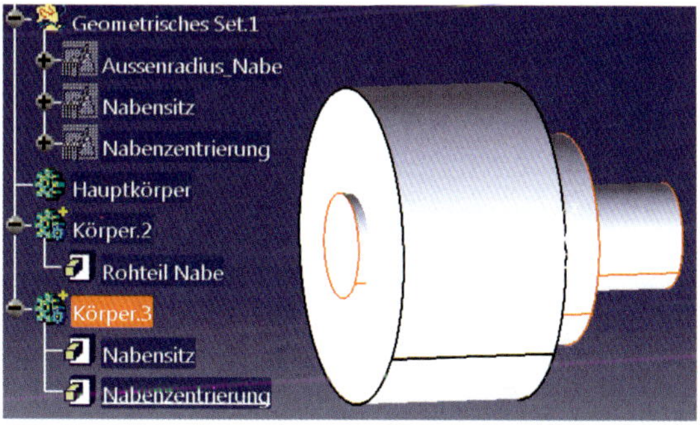

Abb. 76: Volumenkörper zur Nabendefinition.

Das Ergebnis ist in Abbildung 76 dargestellt. Jetzt müssen die Volumina durch **Boolesche Operationen** verknüpft werden. Der Nabensitz und die -zentrierung müssen vom Rohteil abgezogen werden. Aus der Funktionsleiste [Boolesche Opertionen] wählt man [Entfernen]. Im Kontextfenster gibt man die Daten wie in Abbildung 77 ein ([Körper.3] wird von [Körper.2] entfernt und dort hinter [Rohteil Nabe] abgelegt, wenn mit [Ok] bestätigt wird). Das Ergebnis ist in Abbildung 78 dargestellt.

Abb. 77: Kontextfenster entfernen.

Für die Verschraubung muss nun der Lochkreis mit Senkung und Bohrung definiert werden. Für eine Fünflochfelge ist die Teilung 72°, also nach links und rechts, von einer Speichenmitte ausgehend, 36°. Der Lochkreisdurchmesser ist 82 mm, die Senkung R11 und die Bohrung R6. Man wählt das geometrische Set als [Objekt in Bearbeitung] und legt eine [Positionierte Skizze] auf die Außenfläche der Nabe. Man formt einen um den Skizzenursprung zentrischen Kreis mit dem Radius R41 und „bedingt" seine Lage. Der Lochkreis bildet keine Körperkante, sondern ist eine Hilfslinie. Sie kann durch <MR> aktiviert und mit [Konstruktionselement] zu einer Hilfslinie umgewandelt werden. Hilfslinien werden im Skizzierer gestrichelt dargestellt. Man erzeugt eine weitere Hilfslinie mit [Linie] aus dem Ursprung über den Kreis hinaus. Diese Hilfslinie ist um 36° aus der Vertikalen geneigt. Für diese Maßangabe aktiviert man durch <ML> die Linie und [Strg] <ML> den Koordinatenpfeil V. Dann öffnet man das [Im Dialogfenster definierte Bedingungen]-Fenster, selektiert die Bedingung [Winkel] und bestätigt mit [Ok]. Jetzt erscheint das Winkelmaß an der Linie zur Vertikalen. Durch <DML> auf die Maßzahl kann sie auf 36° eingestellt werden. Der Mittelpunkt der Senkung liegt so-

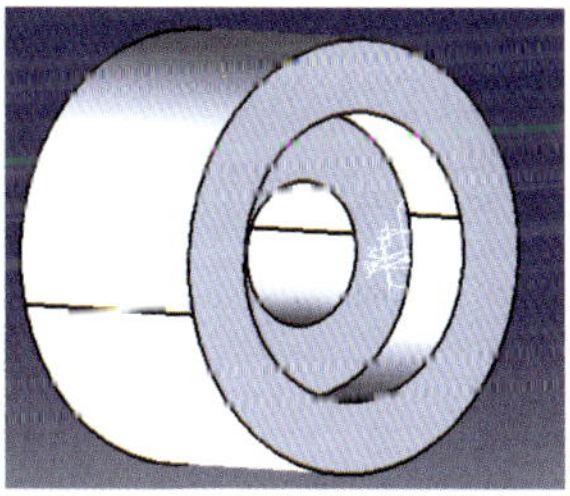

Abb. 78: Nabe aktuell.

wohl auf dem Lochkreis als auch auf der Winkel-Hilfslinie (also zu beiden kongruent). Man zeichnet einen Kreis, definiert den Radius R11. Man aktiviert den Mittelpunkt, anschließend die Hilfslinie und definiert dann die Bedingung [Kongruenz]. Dann aktiviert man den Mittelpunkt nochmals und jetzt zudem den Lochkreis und definiert die Bedingung [Kongruenz]. Der Senkungskreis liegt jetzt auf dem Lochkreis unter 36° aus der Vertikalen. In der Funktionengruppe [Darstellung] kann man [Normale Helligkeit] wählen und erhält als Ergebnis die Ansicht Abbildung 79. Man verlässt die Skizze und geht genauso mit der Skizze für die Bohrung vor.

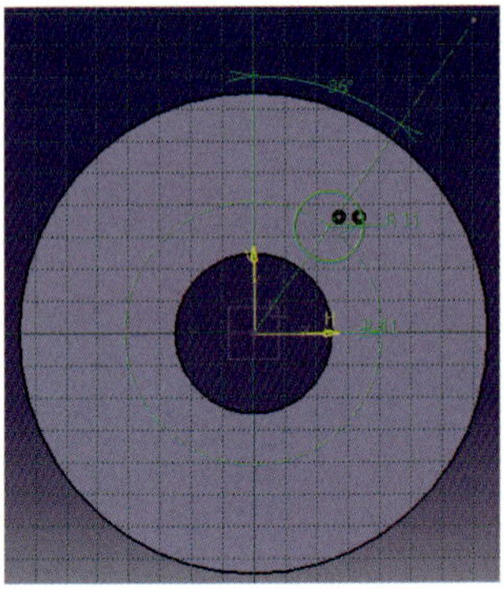

Abb. 79: Skizze Senkung.

In einen neuen Körper ([Einfügen] [Körper]) nach [Körper.2] (Objekt in Bearbeitung) generiert man aus den Skizzen die Blöcke Senkung (30 mm tief) und Bohrung (120 mm tief). Aus diesem neuen Körper bildet man ein Kreismuster unter [Transformationskomponenten] . Im Kontextfenster definiert man die x-Achse als Referenzrichtung, den aktuellen Volumenkörper (hier [Körper.5] mit Senkung und Bohrung als Musterobjekt) und eine 5er-Teilung mit 72° Winkelabstand (Abb. 80). Die Bestätigung mit [Ok] erzeugt das in rot angedeutete Muster (Abb. 80). Dieser Kreismusterkörper [Körper.5] muss noch vom Nabenvolumen angezogen werden zur Vervollständigung der Nabe (also: [Entfernen] : [Körper.5] von [Körper.2] nach [Entfernen.1]). Damit ist die Nabe fertig (bis auf später verfeinernde Features).

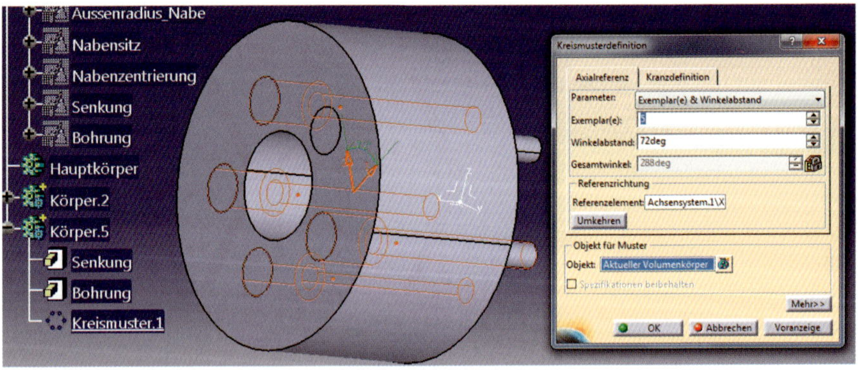

Abb. 80: Kreismuster aus Bohrungs- und Senkungsvolumen.

Als nächstes erzeugen wir den Felgenring. [Objekt in Bearbeitung] ist das [Geometrische Set.1]. Die Skizze dazu legen wir auf die xz-Ebene und kehren die horizontale Skizzenkoordinate um (in [Positionierte Skizze] unten [H umkehren] und [Austauschen] selektieren). Dazu nutzt man in der Funktionengruppe [Profil] die erste Option [Profil] . Mit diesem Tool kann man eine zusammenhängende Kurve aus **Geraden** und **Bögen** erzeugen.

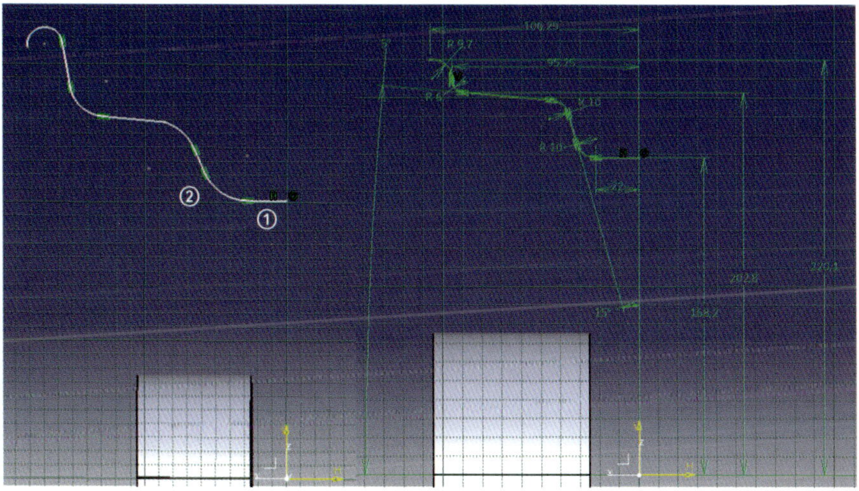

Abb. 81: Innenkontur des Felgenrings: Links skizziert, rechts bemaßt.

In diesem Fall sollen sich gerade Stücke mit Bögen abwechseln. Man beginnt ungefähr an der Position (0|200). Die Schritte

1. <ML> auf den Startpunkt,
2. Mausziehen nach links bis ca. (-30|200) und
3. <ML>

lassen das erste gerade Kurvenstück entstehen (Abb. 81 links ①, mit grünem H (für horizontal) und einem o (für kongruent) markiert). Verschiebt man dann

1. <ML> gedrückt haltend die Maus weiter nach links oben und lässt
2. <ML> los, so sieht man einen Bogen; drückt man
3. wieder <ML>, so

erzeugt man den Bogen (Abb. 81 links ②). Die beiderseits grün eingefassten Übergangspunkte zwischen Bögen und Geraden zeigen Tangentenstetigkeit an.

Zur Bemaßung (nach DIN 7817) der Radien, Abstände und Winkel zu H und V gehen wir folgendermaßen vor:

1. <ML>-Aktivieren eines Punktes oder einer Kurve,
2. die Steuerungstaste [Strg] gedrückt haltend und <ML> auf
3. [Im Dialogfenster definierte Bedingungen] (vgl. Abb. 73).

Im Dialogfenster wird dann die jeweilige Bedingung aktiviert und mit [Ok] goutiert. Jetzt muss nur noch die richtige Maßzahl durch <DML> und Eintragen im erscheinenden Eingabefeld angegeben werden. So lange auf die gleiche Weise verfahren, bis alle Maße und Bedingungen aus der Abbildung 81, rechts, bestimmt sind. Fehlgezeichnete Linien können durch Markieren und die Entfernen-Taste [Entf] (bzw. <MR> und [Löschen]) wieder entfernt werden.

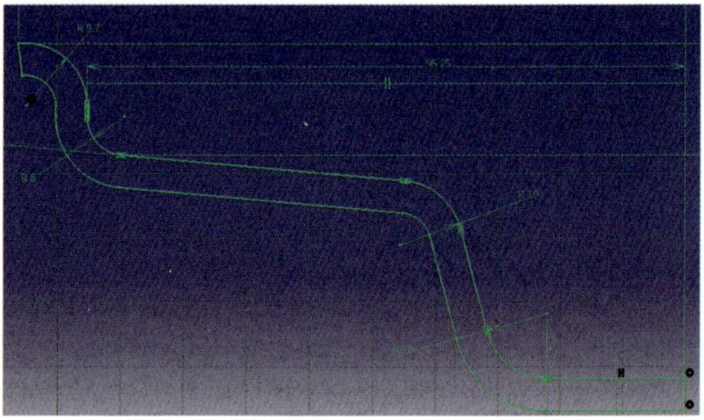

Abb. 82: Skizze Felgenring.

Die so entstandene Profilkurve soll jetzt durch ein Offset von 5 mm die Wandstärke des Felgenrings abbilden. Dazu setzt man zunächst einen Punkt bei (0|163,2). Dann selektiert man die Profilkurve durch Aufziehen eines Kastens mit <ML> (sie wird rot = aktiviert). Dann nimmt man aus der Funktionengruppe [Operationen] die Funktion [Offset]. Bewegt man jetzt die Maus, erscheint blau gestrichelt die Ansicht der versetzten Kurve. Man klickt den gerade eben erzeugten Punkt an und es entsteht die vollständig bestimmte (weil grüne) Offset-Kurve im Abstand 5 mm. Nun bleibt nur noch, die Kontur durch zwei kurze, gerade Linien links und rechts zu schließen. Das Ergebnis zeigt Abbildung 82. Den extra erstellten Punkt (unten links in Abbildung 82) muss man noch selektieren (zum Beispiel durch einen Kasten) und in ein [Konstruktionselement] umwandeln.

Abb. 83: Felgenring.

Man verlässt die Skizze und erzeugt das Ringvolumen durch die skizzenbasierte Komponente [Welle] in einem neuen Körper. Als [Profil/Fläche] gibt man die gerade konstruierte Skizze „Felgenring" und als [Achse] die Nabenachse an und bestätig mit [Ok] (Abb. 83).

Zur Vervollständigung muss die Welle noch an der yz-Ebene mit einer [Transformationskomponente] gespiegelt werden. Das bisherige Ergebnis zeigt Abbildung 84.

Als Nächstes muss eine einzelne Speiche unter Ausnutzung der Symmetrie erstellt werden. Dazu sollen zwei Skizzenansichten erstellt werden.

Im Strukturbaum kann man durch Überfahren mit der Maus und <MR> das jeweilige Objekt mit [Verdecken/Anzeigen] sichtbar oder unsichtbar machen. Jetzt sollte der Felgenring unsichtbar und die Skizze [Felgenring] sichtbar geschaltet werden.

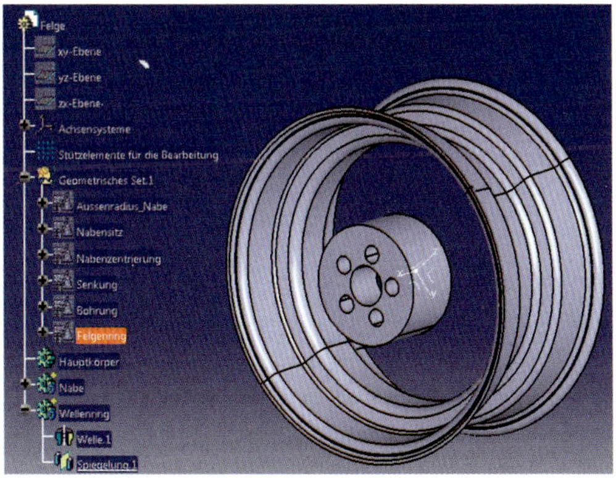

Abb. 84: Wellenring und Nabe.

Die erste positionierte Skizze zur Speiche wird auf die xz-Ebene gelegt. Man sollte wieder H & V tauschen und H umkehren. Dann werden zunächst 8 Punkte so platziert, wie es die Bemaßung in Abbildung 85 vorgibt. Diese Punkte müssen wieder als Hilfspunkte [Konstruktionselemente] umgewandelt werden. Danach zeichnet man die beiden horizontalen Linien oben und unten. Die Freiformlinien von oben nach unten sind als **Splines** erzeugt worden. Die Spline-Funktion muss zunächst mit <ML> aktiviert werden, dann selektiert man alle Punkte der Reihe nach mit <ML> und schließt beim letzten Punkt mit <DML> ab. Das [Spline-Definition]-Fenster kann durch <DML> auf der Kurve geöffnet werden (Abb. 86). Darin sind die Punkte der Klickreihenfolge nach eingetragen. Zu jedem Punkt kann optional eine [**Tangentenstetigkeit**] vorgegeben werden.

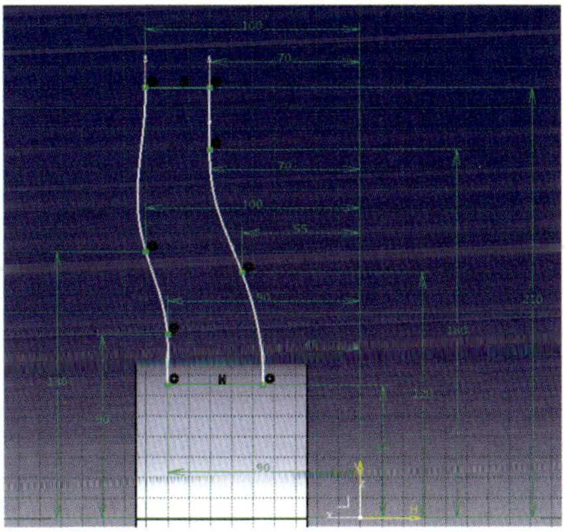

Abb. 85: Bemaßung und Profil der Speiche.

In Abbildung 86 ist das beispielhaft für den linken Spline der Skizze dargestellt. Am untersten (Punkt.1) und am obersten (Punkt.4) ist die Steigung 90° (also senkrecht) vorgegeben. Am rechten Spline lauten die Tangentenstetigkeiten:

Punkt 1	90°
Punkt 2	110°
Punkt 3	90°
Punkt 4	90°

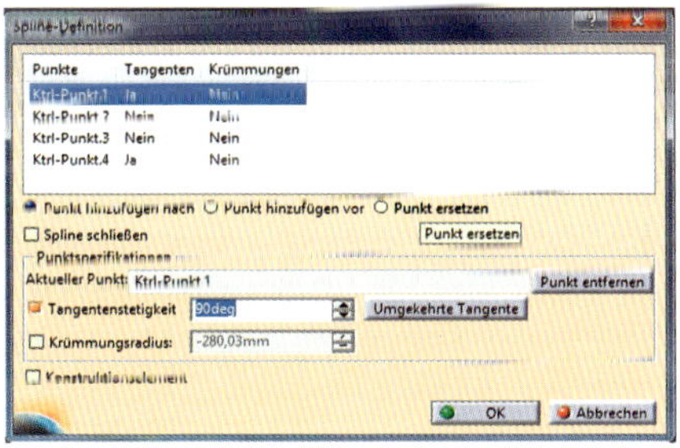

Abb. 86: Linke Spline-Definition Speiche mit vorgegebenen Tangentenrichtungen.

Die nächste positionierte Skizze für die Speiche (Abb. 87) liegt auf der yz-Ebene. Man zeichnet zuerst einen Hilfslinienkreis mit Radius R74 um den Skizzenursprung. Eine Horizontale im Abstand 60 mm von H scheidet diesen Kreis. Vom Punkt (0|60) zieht man eine vertikale Gerade auf der Nullachse mit der Länge 150 mm. An ihrem Endpunkt zeichnet man eine weitere Horizontale. Danach folgt eine Gerade von ca. (20|190) nach (30|80). Ihre Länge wird mit der Bedingungsdefinition auf 105 festgelegt. Der horizontale Abstand des oberen Punktes von der vertikalen Achse wird ebenfalls mit auf 25 mm gesetzt. Ein Bogen beginnt am unteren Ende der Geraden und wird zum Kreis mit R74 geführt. Das angegebene Maß für den Radius muss man löschen (<ML> und [Entf]-Taste). Dann den Bogen und, mit gehaltener [Strg]-Taste, den Kreis um den Ursprung aktivieren (<ML>) und mit der Bedingungsdefinition [Tangentenstetigkeit] fordern. Tangentenstetigkeit muss auch zur Geraden hin gefordert werden. Jetzt am oberen Ende der Geraden für den Bogen R20 genauso vorgehen und Tangentenstetigkeit zur Hoizontalen und zur schräg liegenden Geraden erzwingen. Dann den Endpunkt der Horizontalen und den Tagentenpunkt des Kreises kongruent machen (<ML> mit [Strg]-Taste auf beide Punkte und dann [Kongruenz]). Auch am unteren Radius den Tangentialpunkt mit dem Endpunkt der Horizontalen kongruent vorschreiben. Nun den Radius oben auf R20 setzten. Die Skizze ist jetzt Isobestimmt. Die beiden Speichen-Skizzen und ihre Lage zeigt die Abbildung 88. Sie bilden zwei Ansichten des Speichen-Volumenkörpers, wodurch er eindeutig bestimmt ist. Deshalb kann er direkt durch die Kombination der beiden Skizzen erzeugt werden. Dazu existiert in CATIA die Funktion [Kombinierter Volumenkörper] . Man wählt einen neu eingefügten, letzten Körper im Strukturbaum zum [Objekt in Bearbeitung] und aktiviert .

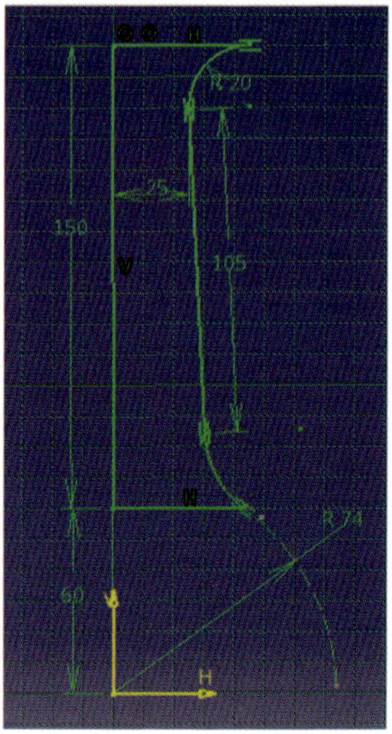

Abb. 87: Speichenskizze yz-Ebene.

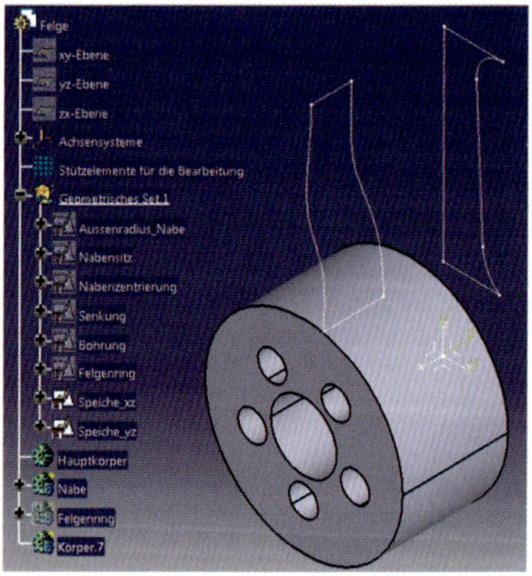

Abb. 88: Skizzen der Sprache.

Im sich öffnenden Kontext-Fenster [Definition der Kombination] sind 2 Profile als erste und zweite Komponente zu wählen. Dazu nimmt man die Speichen-Skizzen. Die Bestätigung mit [Ok] erzeugt das in Abbildung 89 gezeigte Ergebnis.

Diese symmetrische Hälfte einer Speiche muss nun an der xz-Ebene gespiegelt werden. Man nutzt dafür wieder die Transformationsfunktion [Spiegeln]. Ebenso wie beim Lochkreis ist auch hier wieder ein Kreismuster erforderlich, jetzt für die Speichen. Teilung und Anzahl der Speichen sind wieder 72° und 5. Als [Referenzrichtung] nutzt man die x-Achse, das [Objekt für Muster] ist der aktuelle Volumenkörper. Das Resultat ist in Abbildung 90 wiedergegeben. Jetzt sind die einzelnen Bestandteile (Nabe, Speichen und Felgenring) der Felge erstellt und sie müssen zu einem Volumenkörper zusammengefügt werden. Als erstes verbindet man den Speichenkranz mit dem Felgenring. Die hierfür nötige Boolesche Operation ist das [Vereinigen und Trimmen]. In der [Definition der Trimmung] weist man [Trimmen] dem Felgenring zu und der Option [Mit] die Speichen.

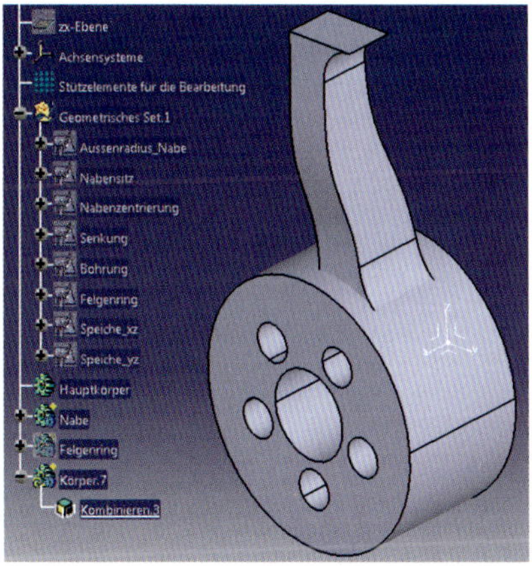

Abb. 89: Symmetrische Speichenhälfte.

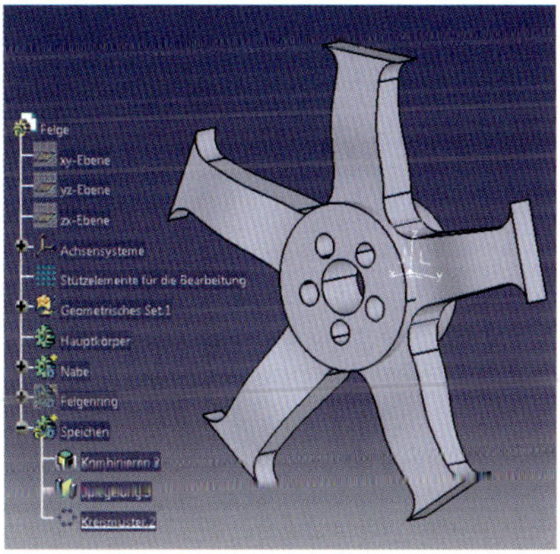

Abb. 90: Speichenkranz.

Man stellt fest, dass Teile der Speichen über den Felgenring hinausragen (Abb. 91). Diese Flächen müssen alle unter [Zu entfernende Flächen] gesammelt werden (ausgewählt erscheinen sie lila). Das Bestätigen mit [Ok] erzeugt den Trimm [Trimmen.*] und ordnet ihn hinter [Kreismuster.*] an.

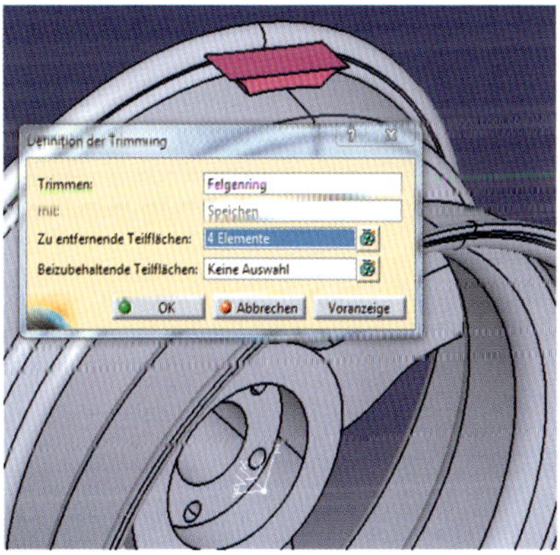

Abb. 91: Zu entfernende Flächen.

Dieser Trimm wird der Nabe durch [Hinzufügen] als [Hinzufügen.*] im Strukturbaum hinter [Entfernen.*] angeordnet. Das Ergebnis in Abbildung 92 zeigt jetzt an den Schnittstellen die Verschneidungskanten als Körperkanten.

Es fehlen jetzt noch die Feature-Anwendungen wie Verrundungen zum Brechen der Körperkanten. Man findet sie in der Funktionengruppe [Aufbereitungskomponenten].

Man kann mit der Nabe beginnen. Die außen liegende Zylinderkante wird mit [Kantenverrundung] R5 gebrochen.

Man selektiert die Kante, aktiviert [Kantenverrundung] und erhält ein Kontextfenster zur [Definition der Kantenverrundung]. Als [Radius] gibt man 5 mm ein, die ausgewählte Kante ist unter [Zu verrundende Objekte] eingetragen.

Als nächstes bearbeitet man den Speichenauslauf in die Nabe an allen Speichen mit dem Radius R8. Man aktiviert das Definitionsfenster durch Kantenverrundung], stellt den [Radius] 8 mm ein und selektiert der Reihe nach die [zu verrundenden Kanten]. Man sollte den Cursor sehr langsam über die Kanten bewegen, um nicht ganze Flächen auszuwählen, sondern nur die gewünschte Kante. In Cursornähe wird beim Überfahren der Kante ihre Bezeichnung angegeben. Die dritte Verrundung harmonisiert die Verschneidung der Speichen mit dem Felgenring mit einem großzügigen [Radius] R10. Danach sieht das Ergebnis aus wie in Abbildung 93 dargestellt. Es bleiben noch die Verrundungen an den Speichen selbst. An der Außenseite nimmt man den Radius R7, an der Rückseite R3.

Damit ist die Felge fertig konstruiert. Sie muss noch als Hauptkörper definiert werden. Dazu bewegt man den Cursor über den Körper [Nabe] im Strukturbaum, öffnet mit <MR> ein Menü und wählt dort [Objekt Nabe] [Hauptkörper ändern]. Das sich öffnende Fenster bestätigt man mit [Ok]. Die Nabe ist jetzt Hauptkörper und rot dargestellt (weil verändert). Mit [Alles aktualisieren] ist die Speichenkonstruktion noch einmal komplett aktualisiert.

Abb. 92: Zusammenbau Felge.

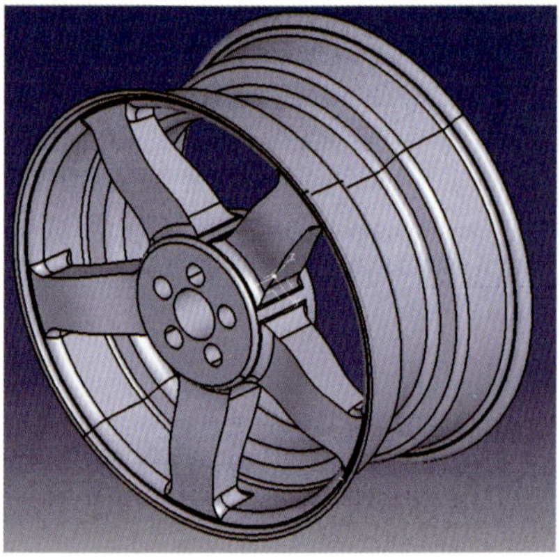

Abb. 93: Felge, an Nabe und Felgenring mit Speichen verrundet.

Abb. 94: Fertig konstruierte Aluminium-Tiefbettfelge.

Sie kann jetzt zu Darstellungszwecken und für weitere nachfolgende CAE-Schritte mit einem Material (Aluminium) versehen werden.

Man aktiviert dazu die Nabe (mit <ML>) und öffnet die Materialbibliothek mit [Material zuordnen]. Darin findet man unter dem Reiter [Metall] als erstes Aluminium. Man selektiert [Aluminium], klickt auf [Material zuordnen] und verlässt die Bibliothek mit [Ok]. Im Strukturbaum unter [Nabe] ist jetzt das Material [Aluminium] zu sehen. Die fertige Felge ist in Abbildung 94 mit der Materialeigenschaft dargestellt.

4.2 Festigkeitsberechnung einer Aluminiumfelge in CATIA V5-6®

Die Berechnung der Beanspruchung und Verformung von Bauteilen gehört zu den Standardaufgaben der mechanischen Produktentwicklung. Die äußere Belastung führt dabei zu inneren Kräften. Schneidet man ein Bauteil in Gedanken durch, so sind die inneren Kräfte auf der Schnittfläche verteilt. Die Größe „innere Kraft pro Fläche" heißt mechanische **Spannung**.

$$\text{Spannung} = \sigma = \frac{F}{A} = \frac{\text{Kraft}}{\text{Fläche}}$$

Es gibt Kräfte, die parallel und senkrecht zu der gedanklichen Schnittebene auftreten. Die entsprechenden Spannungen heißen **Scher**- und **Zug**-/**Druckspannungen**. In allen dreidimensionalen Bauteilen treten diese Spannungen gleichzeitig auf. Dieser kombinierten Belastung muss ein dreidimensionales Bauteil standhalten.

Um das zu überprüfen, muss der dreidimensionale Belastungszustand vergleichbar gemacht werden mit der maximalen Belastbarkeit eines Werkstoffs. Dazu dient eine **Vergleichsspannung**; häufig wird die Vergleichsspannung nach **von Mises** verwendet. Die maximale Werkstoffbelastbarkeit ergibt sich aus einem Zugversuch als die **Streckgrenze** R_m bzw. als die für dynamische Lasten zulässige Spannung σ_{zul}.

Die Verteilung der Von-Mises-Vergleichsspannung in einem Produkt kann mithilfe der **Finite-Elemente-Methode** (**FEM**) berechnet werden. Hier soll am Beispiel einer Aluminiumfelge eines Fahrzeugs gezeigt werden, wie sich die Belastung aus einem Bremsprozess auf die entstehenden Spannungen auswirkt. Dazu wird nach der im Abschnitt 3.1.1 erläuterten Vorgehensweise aus Preprocessing, Berechnung und Postprocessing verfahren. Als Analysetool wird für dieses Beispiel das Software-Paket CATIA verwendet.

Preprocessing (Aufbau des Simulationsmodells)

CAD-Datenmodell einlesen
Zunächst wird das CAD-Modell (hier ein CATIA-Modell in dem Datenformat „CATpart") eingelesen (Abb. 95).

Materialangaben
Zunächst im Strukturbaum durch linken Mausklick den Hauptkörper aktivieren ①. Dann mit der Option [*Material zuordnen*] ② die Materialbibliothek öffnen. Darin das Material Aluminium auswählen ③. Schließlich die Taste [Material zuordnen] betätigen ④ (Abb. 96).

Abb. 95: Geometrisches CAD-Modell einer KFZ-Aluminiumfelge.

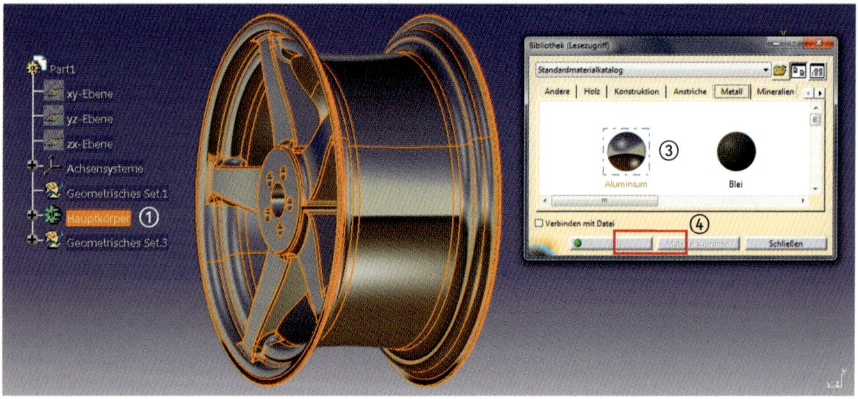

Abb. 96: Material aus der Bibliothek zur Strukturberechnung zuordnen.

Analysetyp
Ein Wechsel der Arbeitsumgebung zu [*Analyse und Simulation*] unter dem [*Start*]-Menü in CATIA bringt den Nutzer in die Arbeitsumgebung [*Generative Structural Analysis*] für Strukturberechnungen (Abb. 97).

Abb. 97: Arbeitsumgebung zur Strukturanalyse.

Das Programm fragt in einem aufgehenden Auswahlfenster [*Neuer Analyseprozess*] nach dem Typ des neu anzulegenden Analyseprozesses. Man wählt darin [*Statikanalyse*] aus. Im Analysemanager taucht als letzter Eintrag nun ein [*Statischer Prozess*] auf (Abb. 98).

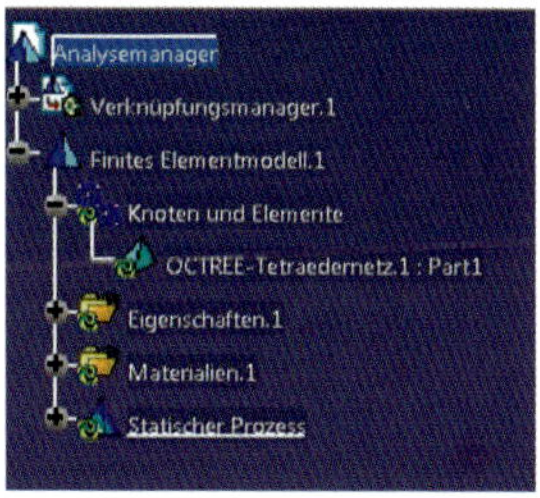

Abb. 98: Einträge im Analysemanager.

Vernetzung

Hier kann zunächst die Vernetzung mit Tetraedern vorgenommen werden. In dieser Arbeitsumgebung erscheint in der Mitte des Bauteils ein grüner Tetraeder, der die voreingestellte, mittlere **Elementgröße** des Tetraeder-Netzes anzeigt (Abb. 99). Diese Größe kann verändert und an die Erfordernisse angepasst werden. Zudem wird ein blauer Bogen mit einer kegelförmigen Pfeilspitze dargestellt. Damit wird der sogenannte **Durchhang** h angegeben (Abb. 100). Der Durchhang steuert die auszuwählende Elementkantenlänge in Abhängigkeit vom Krümmungsradius einer Oberfläche und der Bogenhöhe über einer Sekante (Abb. 100). Die beiden Schnittpunkte aus Bogen und Sekante bilden eine Elementkante.

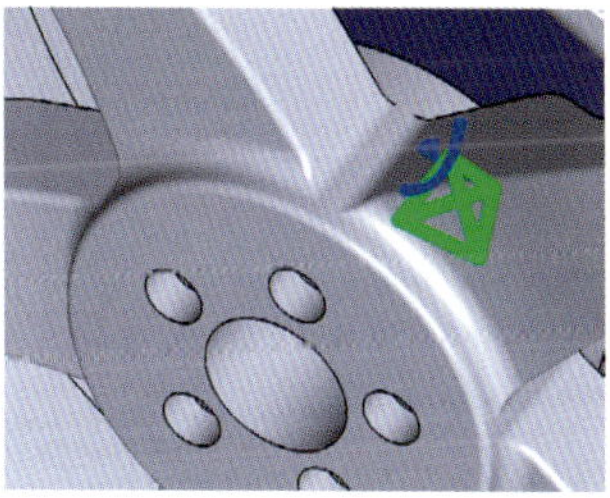

Abb. 99: Voreingestellte, mittlere Größe der Tetraeder-Elemente.

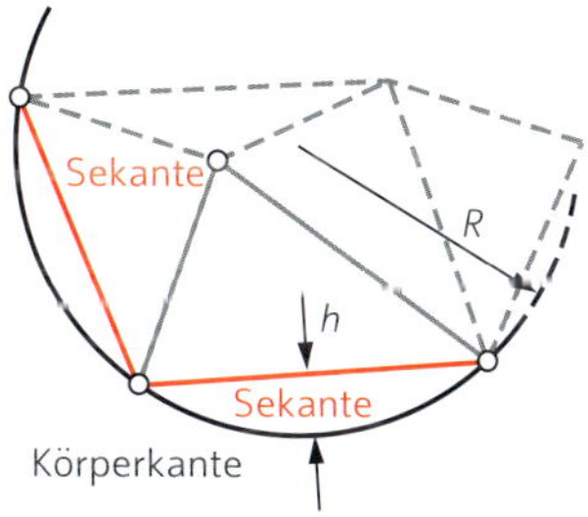

Abb. 100: Elementkantenlänge, gesteuert über den Durchhang h.

Bei der Vernetzung wird von den beiden Kriterien zur Vernetzung, nämlich a) Elementgröße und b) Durchhang das jeweils strengere für die Elementerzeugung ausgewählt. Die richtige auszuwählende Größe der Elemente ist ein Erfahrungswert aus geeigneten, entsprechenden Voruntersuchungen. Durch Doppelklicken mit der linken Maustaste auf das grüne Tetraeder (oder im Analysemanager auf [Oktree-Tetraedernetz.1], vgl. Abb. 98 und 99) öffnet sich das Fenster zur Einstellung der Vernetzungparameter (Abb. 101). Neben Elementgröße und Durchhang kann hier gewählt werden, ob die Ergebnisfunktion linearen oder parabolischen Typs

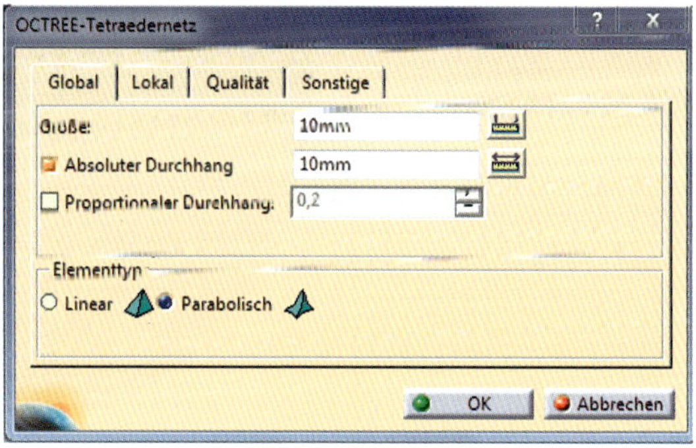

Abb. 101: Kontextmenü der Vernetzungsparameter.

sein soll; der parabolische Ansatz ist genauer, bedarf aber auch längerer Berechnungszeiten. Die unter der Rubrik [*Lokal*] hinterlegten Funktionen ermöglichen eine explizite Vorgabe der Elementkantenlänge zum Beispiel an Körperkanten oder Flächenrändern. Unter [*Qualität*] können weitere Anforderungen an die Netzqualität gestellt und überprüft werden. Unter [Sonstige] werden zum Beispiel die Elementgröße im Inneren der Geometrie oder die Mindestgröße zur Verwendung des Durchhangkriteriums angegeben.

Abb. 102: Menü Berechnen.

Die Vernetzung kann mit dem Symbol [Berechnen] gestartet werden. Man wählt dazu im sich öffnenden Fenster die Option [Nur Vernetzen] aus und startet mit [OK] (Abb. 103). Der Fortschritt der Berechnung sowie die geschätzte Berechnungszeit wird in einem weiteren Fenster angezeigt (Abb. 103).

Nach der Berechnung findet man im Analysemanager unter [Knoten und Elemente] einen Eintrag [Netz.1]. Durch Klicken auf [Knoten und Elemente] mit der rechten Maustaste kann man die Option Netzdarstellung wählen, um das Ergebnis sichtbar zu machen (Abb. 104).

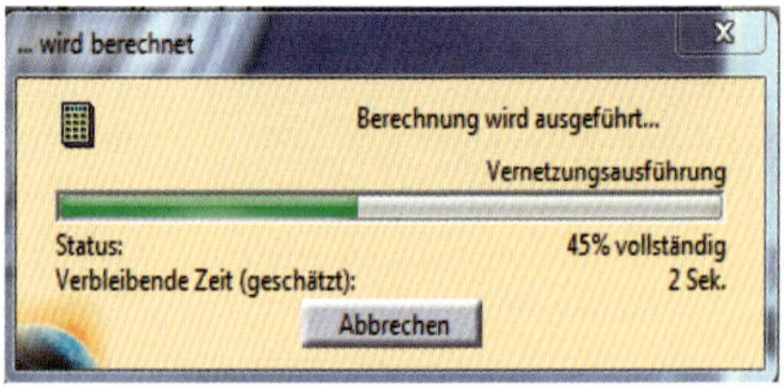

Abb. 103: Berechnungszeit.

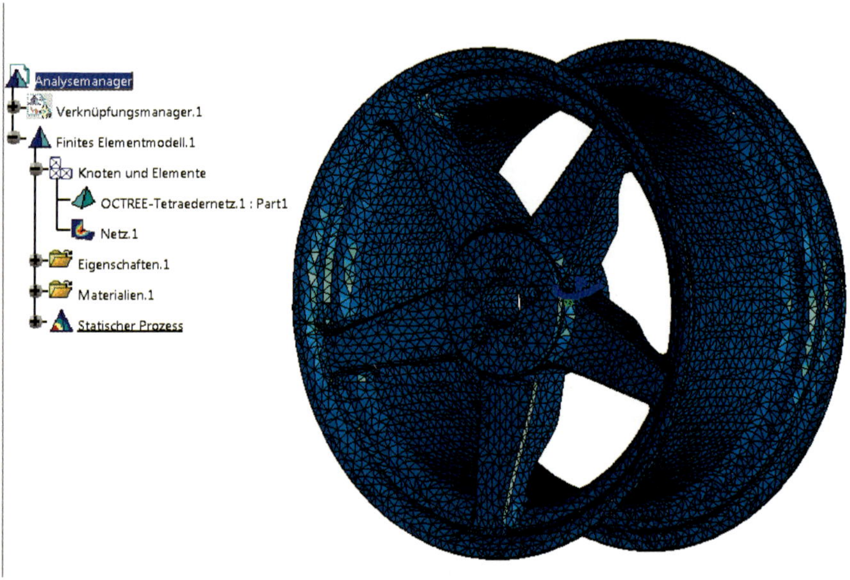

Abb. 104: Ergebnis der Vernetzung.

Statischer Prozess

Das noch verbleibende Paket der Preprocessing-Angaben wird unter dem Analysemanager-Eintrag [Statischer Prozess] sichtbar (Abb. 105).

Dazu zählt insbesondere die Angabe von **Randbedingungen** und **Lasten**. Unter dem Begriff Randbedingung wird hier die mechanische Lagerung verstanden. Sie muss so ausgeführt werden, dass das System sich nicht mehr bewegen kann, also **statisch bestimmt** ist.

Abb. 105: Statischer Prozess.

Spezifikation der Randbedingungen

Der auf der Felge montierte Fahrzeugreifen ist reibschlüssig durch den Reifenwulst mit der Felge an Horn und Schulter verbunden (Abb. 106 a). Diese Verbindung wird als rutschfrei angenommen. Daher wird in diesem Bereich an der Felge die Verschiebung zu Null gesetzt („Feste Einspannung“ (Abb. 106 b). Die als feste Einspannung ausgewählten Flächen sind zur Verdeutlichung mit roten Schraffuren gekennzeichnet (Abb. 106 b).

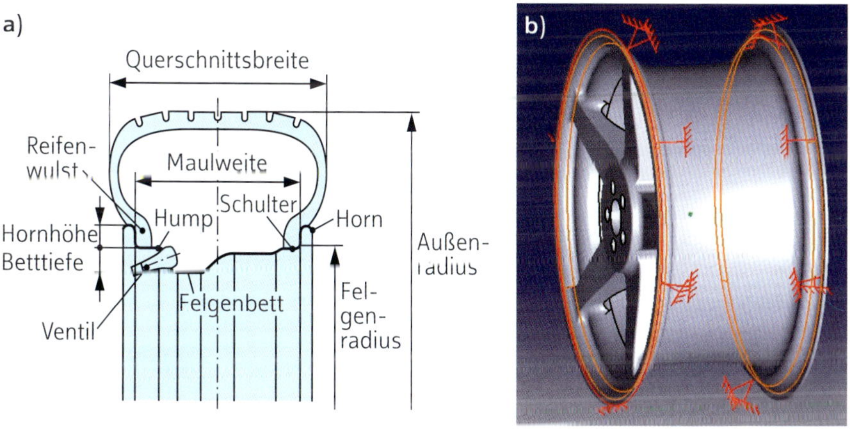

Abb. 106: a) Radquerschnitt: Sitz des Reifens auf der Felge. b) Feste Einspannung an Horn und Schulter der Felge.

Die Zuordnung der Randbedingung zu den Flächen geschieht über den ersten Befehl [Feste Einspannung] in der Funktionengruppe [Randbedingungen]. Im sich öffnenden Fenster können unter [*Stützelemente*] diejenigen Flächen ausgewählt werden, an denen die Randbedingung eingehalten werden soll (Abb. 106 und Abb. 107). Zudem entsteht ein Eintrag im Analysemanager unter [Randbedingungen.1] (Abb. 107).

Abb. 107: Kontextfenster [Feste Einspannung].

Äußere Last

Die äußere Last wird durch die Bremskraft F_B an der Lauffläche des Reifens in die Felge eingeleitet. Mit dem Abstand zur Radachse, dem Außenradius R, entstehe daraus das Bremsmoment der Größe

$$M = F_B \cdot R = 500\ \text{Nm}.$$

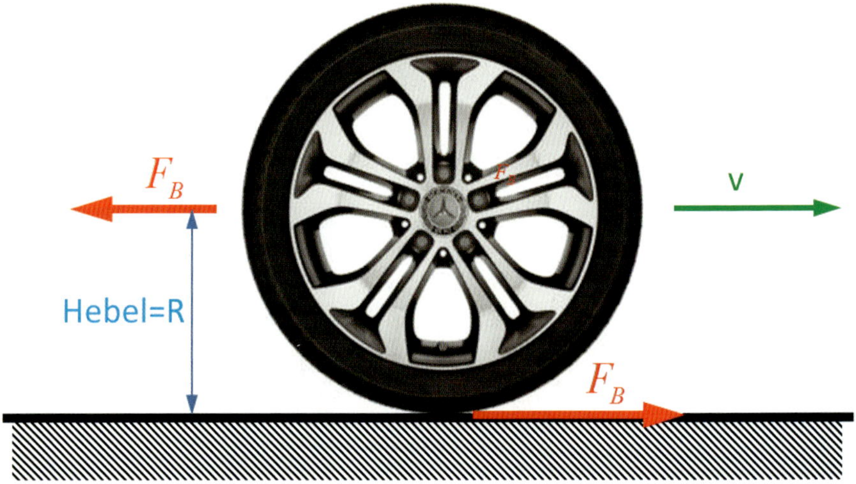

Abb. 108: Entstehung des Bremsmoments.

Dieses Moment wird an der Radnabe übertragen (Abb. 109). Um es in der virtuellen Felge an den Anschlussflächen zur Nabe wirken zu lassen, wird auf diesen Flächen eine virtuelles Bauteil (eine virtuelle „Nabe") aufgebracht. Das ist vergleichbar mit dem Ansetzten eines Steckschlüssels an einem Radschraubenkopf. Dazu wird die erste Funktion  aus der Funk-

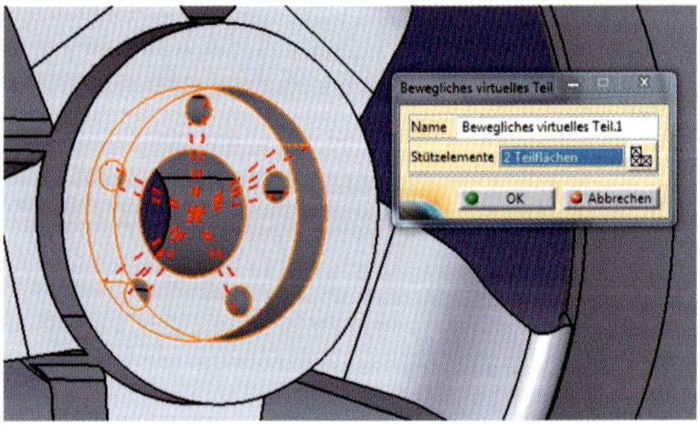

Abb. 109: Virtuelles Teil (rot Linien) an Nebenflächen der Felge.

tionengruppe [Virtuelle Teile] verwendet. Im sich öffnenden Kontextmenü [*Bewegliches Virtuelles Teil*] werden die beiden Nabenflächen als Stützelemente ausgewählt (Abb. 109). Danach erscheint ein neuer Eintrag im Analysemanager unter Knoten und Elemente: [*Bewegliches virtuelles Netz.1*].

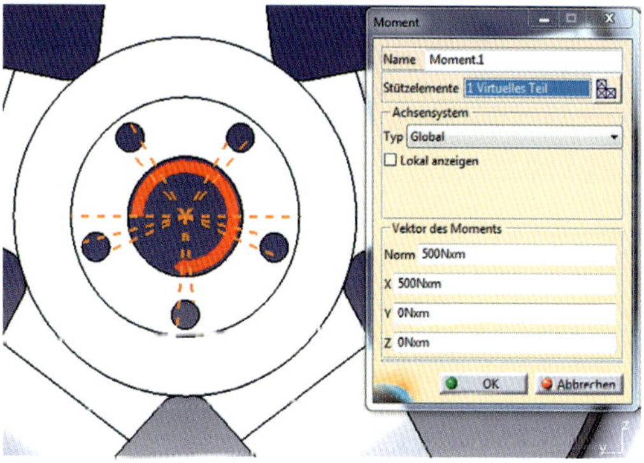

Abb. 110: Aufbringung des Bremsmoments in der Nabe.

An diesem Teil wird das Moment [*Moment*] als zweiter Eintrag aus der Funktionengruppe [*Kräfte*] aufgebracht. Im sich öffnenden Fenster wird das virtuelle Teil als Stützelement selektiert. Um den zentralen Punkt der Nabenachse ist ein roter Pfeil eingezeichnet worden, der die Wirkung des Momentes anzeigt (Abb. 110). Beachtet man die Ausrichtung der Nabenachse im Vergleich zu den Koordinatenrichtungen (untere rechte Ecke in der Abb. 110) wird ersichtlich, dass sich das Moment um die x-Achse dreht. Die Größe des Momentes wird hier mit $M = 500$ Nm angenommen.

Der Analysemanager zeigt nun alle angegebenen Angaben, die die untersuchte Aufgabe definieren. Damit sind alle nötigen Einträge (Netzdefinition, virtuelles Teil, Randbedingungen und Lasten) für die Berechnung getätigt (Abb. 111).

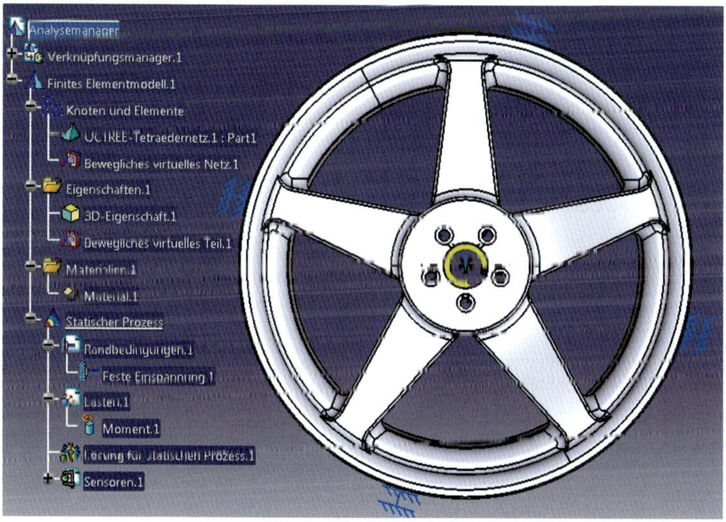

Abb. 111: Vollständige Einträge zur Definition des Finite-Element-Modells im Analysemanager.

Solving (Durchführung der Berechnung)

Berechnung

Den Berechnungsvorgang startet man mit dem Befehl [*Berechnen*]. Im Auswahlfenster wird jetzt umgestellt auf [*Alle*] (Abb. 112). Dadurch wird von der Vernetzung bis zur Berechnung der Ergebnisse alles erneut durchgeführt.

Abb. 112: Menü Berechnen.

Zuerst schätzt CATIA den Berechnungs- und Speicheraufwand ab, der nötig ist, um die Rechnung durchzuführen (Abb. 113). Abhängig von der Leistungsfähigkeit des verwendeten Computers und der Feinheit der gewählten Elementgröße können sehr schnell Berechnungszeiten von mehreren Stunden entstehen. In der ersten Zeile des Fenstereintrags steht die nötige aktive CPU-Zeit für den Berechnungsprozess. Die zweite Zeile gibt den nötigen RAM-Speicherplatz in Kilobyte an und die letzte Zeile zeigt den notwendigen Platz auf der Festplatte.

Abb. 113: Ressourcenschätzung.

CATIA reserviert Plattenplatz und legt temporäre Ergebnisse/Dateien im Verzeichnis

C:\Users\Useername\AppData\Local\Temp

an, die viel Speicherplatz auf dem verwendeten Rechner belegen. Diese Daten werden im Anschluss an eine Rechnung nicht unbedingt automatisch wieder gelöscht. Man kann aber in CATIA mit den [*Solver Tools*]-Funktionen einen Ort für diese Daten angeben ([*ExternerSpeicher*]) und dann regelmäßig löschen ([*Löschen im externen Speicher*]). Die Berechnung nutzt die weiter oben beschriebenen Lösungsverfahren zur Bestimmung der Verschiebungen und Spannungen.

Postprocessing (Auswertung der Berechnungsergebnisse)

Die Darstellung der Ergebnisse kann auf vielerlei Weisen erfolgen. Im Unterschied zu einer Handrechnung, die in der Regel den Wert an einer Stelle liefert, stehen die Ergebnisse einer FEM-Berechnung an jeder Stelle eines Bauteils zur Verfügung; also als sogenanntes *Feld*.

Die hier interessierenden Feldgrößen lassen sich mit der Funktionengruppe [*Bild*] darstellen. Die erste Funktion, [Verformung], liefert das Bauteil in verformter Lage auf Basis des verformten Netzes (Abb. 114). Die Darstellung ist stark gegenüber der tatsächlichen Verformung überhöht. Mit der Funktion [*Größe der Erweiterung*] aus der Funktionengruppe [*Analysetools*] kann die Überhöhung der maximalen Amplitude der Verformung (in Millimetern) eingestellt werden.

Abb. 114: Verformung aus der Bremsmomentenbelastung.

Als wichtigste Größe für den Vergleich mit Festigkeitswerten der Gestaltänderungshypothese dient die Von-Mises-Spannung. Ihr Zahlenwert darf die zulässigen Spannungen aus der Wechselfestigkeit der verwendeten Aluminiumlegierung (AlCu4Mg1, DIN EN 573-3, Zustand nach DIN EN 515 T4 ist der Wert $\sigma_w = 130$ MPa) nicht überschreiten. Die errechneten Ergebnisse für die Von-Mises-Spannung sind in der Abbildung 115 auf der Bauteiloberfläche in verformter Lage dargestellt. Dazu wurde die 2. Funktion aus der Funktionengruppe Bild [von Mises-Spannung] verwendet. Damit die Größe der Von-Mises-Spannung farbcodiert in Farbkonturbändern dargestellt werden kann, muss die Darstellungsart auf [Schattierung mit Material] umgestellt werden.

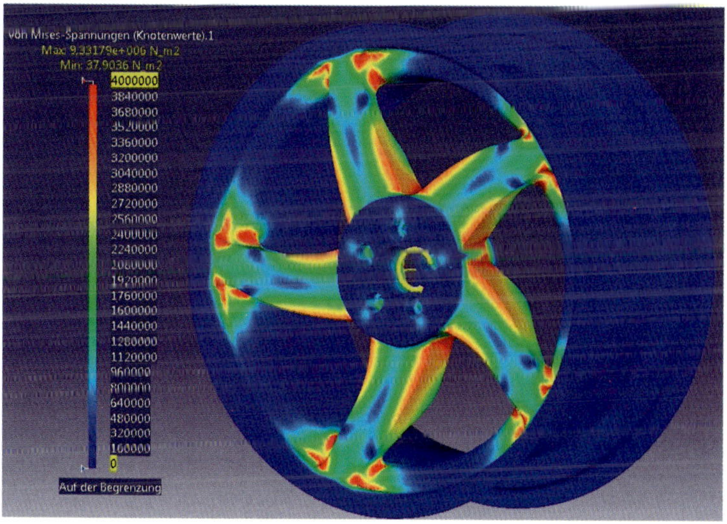

Abb. 115: Von-Mises-Spannungen, auf Bauteiloberfläche dargestellt.

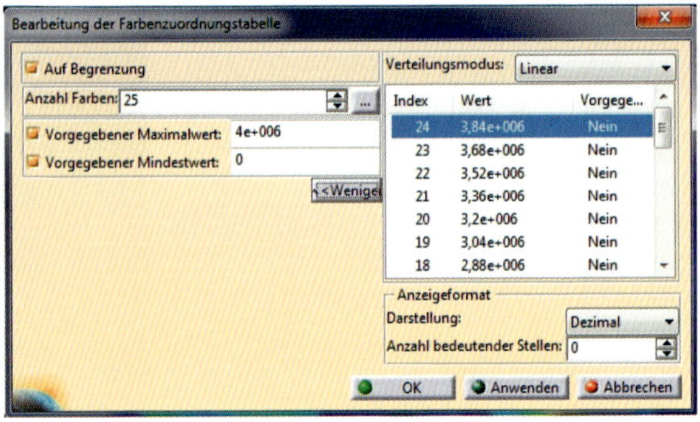

Abb. 116: Spezifikation der Farblegende.

Die Zahl der Farbstufen und der Bereich an Werten lässt sich bearbeiten indem man durch Doppelklick mit der linken Maustaste auf den Titel der Legende das Menü zur [Bearbeitung der Farbzuordnungstabelle] öffnet. Die Zahl der Farbstufen wurde auf 25 gesetzt ①. Die Maximalwerte der Darstellung sind hier zwischen 0 und 40 MPa (② und ③) eingeschränkt (Abb. 116).

Deutlich zu erkennen ist, dass diese Spannungswerte an den Anschlussstellen der Speichen auftreten (vgl. Abb. 117 und 118). Die tatsächlichen Maximalwerte sind im Kopf der Legende angegeben und liegen bei ca. σ_{max} = 95 MPa.

Damit liegt die maximale Spannung unterhalb des vorgegebenen Wertes der Wechselfestigkeit von σ_w = 130 MPa.

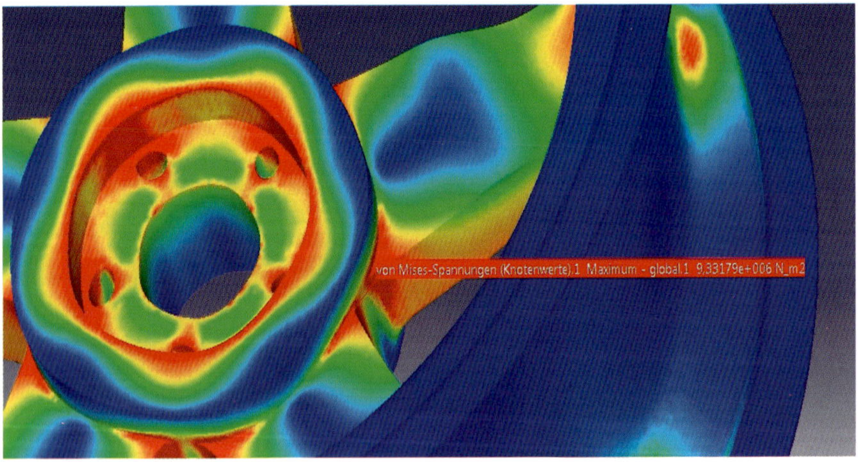

Abb. 117: Beschriftung des Spannungsmaximums.

Es ist offensichtlich, dass dieser Spannungswert in der Darstellung nicht zu erkennen ist. Man kann eine weitere Funktion in der Gruppe der Analysetools verwenden, nämlich die 4. Funktion [Extremwert bei Bild] , um die Extremalwerte der Spannung zu suchen. Man findet aus einer inneren Ansicht der Felge den Bezugspunkt für die Beschriftung des Spannungsmaximums als den hinteren, nabenseitigen Anschluss der Speiche.

Die inneren Spannungswerte lassen sich mit der 2. Funktion aus der Funktionengruppe [*Analysetools*], nämlich der [Schnittebenenanalyse], durchführen (Abb. 118).

Die Ausrichtung der Schnittebene (lila) ① zum Bauteil wird durch den Kompass ② gesteuert. Man kann die Schnittebene ① der grünen Kompassachse u, v, w verschieben und mit den drei grünen Bögen rotieren. Somit ist jeder innere Wert der Spannung darstellbar.

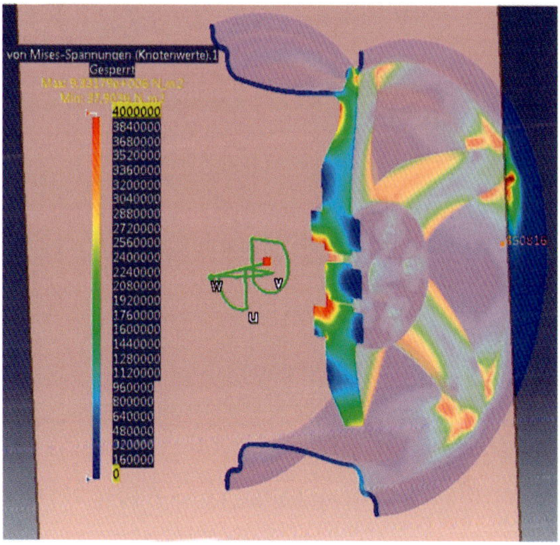

Abb. 118: Schnittebene ① und Kompass ②.

4.3 Berechnungen transienter Schaltungen mit OrCAD/PSPICE®

Ein Ziel bei der Auslegung von analogen und digitalen Schaltungen ist das Design zeitabhängiger Strom- und Spannungsverläufe. Ein markanter Stellvertreter mit zeitabhängigem Signalverlauf ist ein **Schwingkreis** (Abb. 119). Er besteht mindestens aus einem idealen Kondensator (**Kapazität C**) und einer idealen Spule (**Induktivität L**), die real auch durch **Ohmsche Widerstände** (**R**) gekennzeichnet sind. Man kann die Bauteile in Reihe oder parallel anordnen. In beiden Fällen haben sie die gleiche **Kennfrequenz**

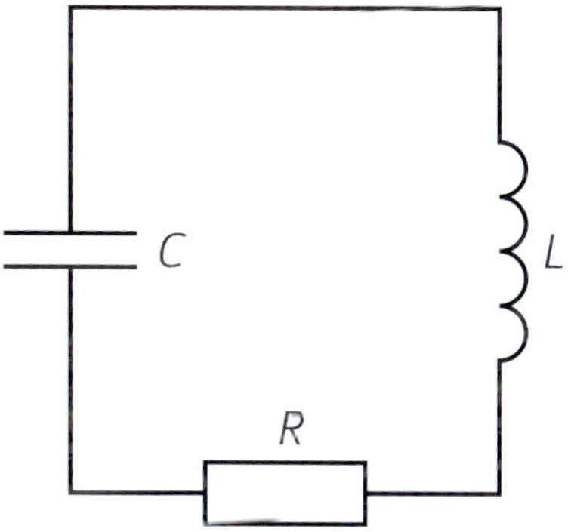

Abb. 119: LCR-Schwinkreis

$$f_0 = \frac{1}{2\pi}\sqrt{\frac{1}{LC}} = \frac{\omega_0}{2\pi}$$

und real eine abnehmende Amplitude wegen des Verlustes im Widerstand *R*. Der Verlust zeigt sich im **Abklingkoeffizienten** δ und der **Kreisfrequenz des gedämpften Schwingkreises** ω

$$\delta = \frac{R}{2L} \text{ und } \omega = \sqrt{\omega_0^2 - \delta^2}.$$

Das Zeitsignal für die Ladung lautet dann

$$Q(t) = \hat{Q}e^{-\delta t} \sin(\omega t + \varphi_0).$$

Für Strom und Spannung ergeben sich entsprechende Signale. Im konkreten Beispiel wollen wir für *C* und *L* die festen Werte einsetzten:

$$C = 10\ \mu F;\ L = 100\ \mu H;\ R = 10\ \Omega$$

Damit ergibt sich eine Kennfrequenz von

$$f_0 = \frac{1}{2\pi} \sqrt{(10 \cdot 10^{-6} \cdot 100 \cdot 10^{-6} \cdot \frac{As}{V} \cdot \frac{Vs}{A})^{-1}} = \frac{\sqrt{10^9}}{2\pi} \frac{1}{s} = \underline{5033\ Hz}.$$

Die Abklingzeit τ beim Laden des Kondensators ist

$$\tau = RC = 1\ \Omega \cdot 10\ \mu F = 10^{-5}\ s = 10\ \mu s.$$

In der Abklingzeit steigt die Spannung am Kondensator auf 63 % und nach der 4,6-fachen Abklingzeit auf 99 %.

Schaltplanerstellung mit OrCAD Capture

OrCAD® ist ein Produkt der *Cadence Design Systems, Inc*. Nach der Installation ist im Startmenü in Windows unter [Alle Programme] im Verzeichnis [Cadence] die Liste der OrCAD-Tools auswählbar (Abb. 120). Zur **Schaltplanerstellung** startet man [OrCAD Capture CIS Lite] ① (hier die Version 16.6). Die weiteren Tools dienen zur Auslegung von der Leiterplatte und zum Erzeugen von Dateien zu ihrem Druck ② sowie zur Simulation von Schaltungen ③. In der Test-Version des Programms ist die Zahl der Knoten auf 75 und die Zahl der Bauteile (zum Beispiel Transistoren) auf 20 beschränkt. Das Ausführen des Startbefehls öffnet das Programm mit der Startseite [Start Page] und in der Taskleiste erscheint das Symbol . Die Programmoberfläche zeigt in der Abbildung 121 in der Mitte die Auswahlmöglichkeiten der Startseite und als unteres Fenster das Session-Log-Fenster, in dem ein Sitzungsprotokoll entsteht.

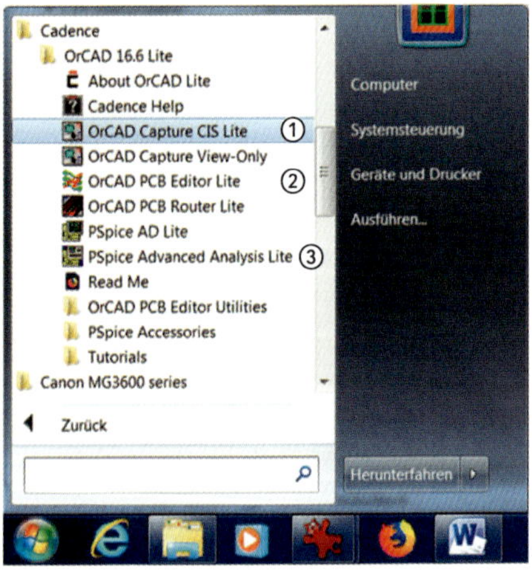

Abb. 120: Start von OrCAD-Capture.

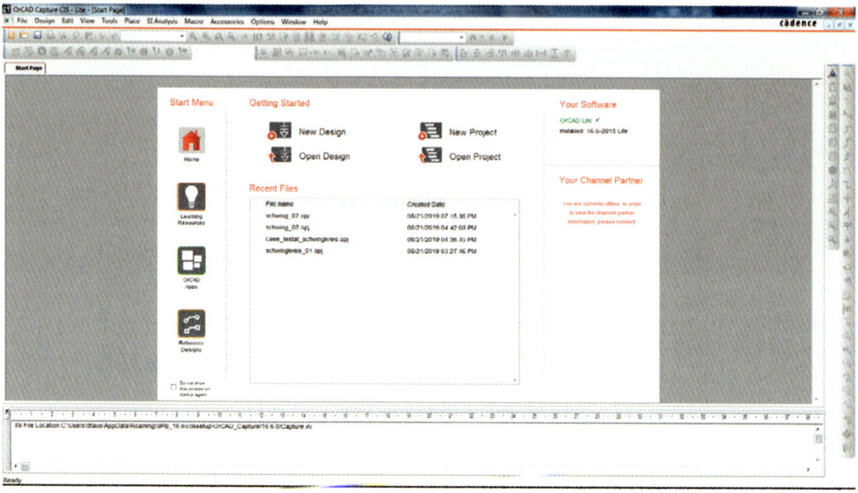

Abb. 121: Startoberfläche von OrCAD-Capture.

Im Bereich [Getting Started] findet man die Auswahloption [New Project], die auch in der Hauptmenü-Leiste unter [File] [New] [Project...] zu finden ist. Durch diese Auswahl öffnet sich das Projekt-Kontext-Fenster und fordert im obersten Feld den Eintrag eines Projektnamens (hier: *LCR_Schwingkreis*) (Abb. 122).

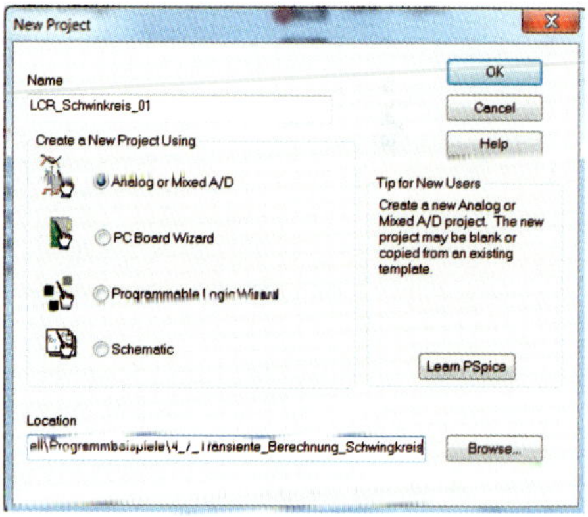

Abb. 122: New-Project-Kontext-Fenster.

Man kann zwischen verschiedenen Projekttypen wählen: Zum Beispiel die bloße Erstellung eines Schaltplans ([Schematic] oder das Layout von Leiterplatten [PC Board Wizard]. Im untersten Eintrag ist der Dateipfad zum aktuellen Arbeitsverzeichnis anzugeben. Man wählt hier die Option [Analog or Mixed A/D], wodurch eine analoge oder digitale-analoge Schaltung aufgebaut wird (Abb. 122). Mit der Bestätigung durch [OK] öffnet sich ein weiteres Fenster, das die Möglichkeit bietet, auf einem schon existierenden Projekt aufzubauen [Create based upon an existing project] oder von neuem zu beginnen [Create a blank project]. Man wähle die letzte Option.

Es sind über dem Graphikbereich zwei neue Reiter hinzugekommen; Das Zeichenblatt [PAGE1] mit Zeichnungsrahmen und der Projektmanager: [LCR_Schwingkreis_01]. In Abbildung 123 sind beide Fenster nebeneinander dargestellt (zum Beispiel mit [Windows] [Tile Vertically]).

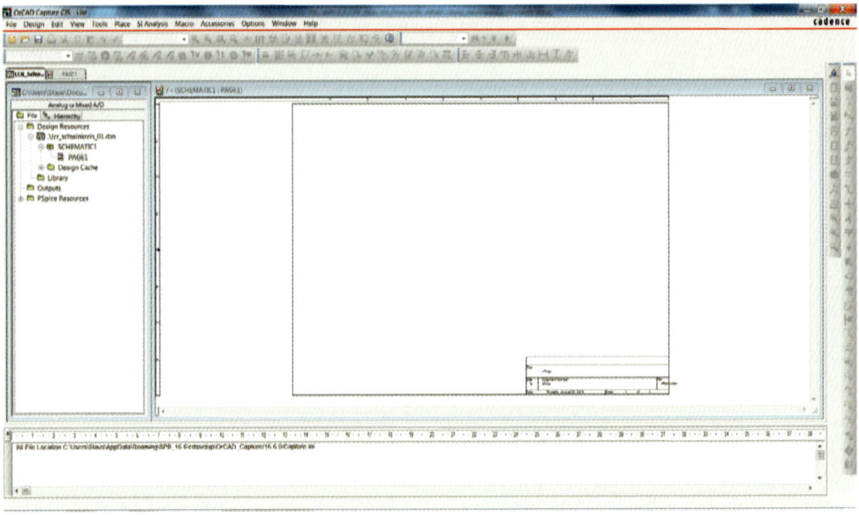

Abb. 123: Neu geöffnetes Projekt mit Zeichenblatt (Page1) und Zeichnungsrahmen (rechts) und Projektmanagerfenster (links).

Der Projektmanager zeigt beim Öffnen der Unterpunkte an, dass in [SCHEMATIC] das Zeichenblatt [PAGE1] eingetragen ist. Darin wird der Schaltplan graphisch erstellt. Der Unterpunkt [Design Cache] enthält noch nichts. Hier werden nach und nach die Bauteile eingepflegt, die in [PAGE1] zum Schaltplan hinzukommen. Im Arbeitsverzeichnis wurde ein Projekt-Unterverzeichnis und – neben anderen Dateien – auch die Datei LCR_Schwingkreis_01.obj angelegt. Durch <DML> auf diesen Dateinamen kann das Projekt später wieder geöffnet werden.

Das Format der Zeichnung lässt sich auf DIN A4 einstellen: Im Hauptmenü unter [Options] [Schematic Page Properties ...] auswählen, [Units] auf [Millimeters] umstellen, [New Page Size] auf A4 setzen und mit [OK] bestätigen.

Im rechten, unteren Zeichnungsbereich sollte im Zeichnungskopf der Projektname angegeben werden. Durch Anklicken und anschließendem Zoomen mit [Ctrl]/[Strg] gedrückt haltend und dem Mouse-Scrollrad (oder der Funktionengruppe ) den Titelbereich zentrieren. Darin <DML> auf [Title] öffnet ein Fenster zum Ändern des Titels (unter [Value]). Hier den Projektnamen eintragen. Man sollte einmal speichern mit .

Schaltungsaufbau

Hier soll a) die Ladung des Kondensators mit b) anschließender freien Schwingung des Schwingkreises simuliert werden. Dazu muss einige Zeit nach dem Laden umgeschaltet werden, sodass der Schwingkreis frei schwingen kann (Abb. 124).

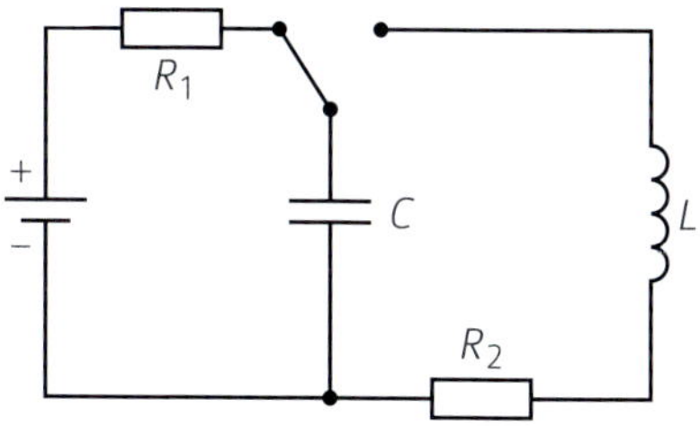

Abb. 124: Schwingkreis mit Umschalter zum Laden des Kondensators.

Als erstes werden die Bauteile in die Zeichnungsfläche geladen und platziert. Um Bauteile [Part]s aus der Bibliothek zu laden und in der Zeichnung einzufügen, gibt es im Hauptmenü den Eintrag [Place]. Eine lange Liste von Schaltplan- und sonstigen Objekten verbirgt sich dahinter, unter anderem auch [Part]. Rechtsbündig ist dort auch ein Buchstabe angegeben (P), der, auf der Tastatur eingegeben, denselben Effekt hat. Drittens sind dieselben Objekte ([Part]) auch als Symbol in der Funktionengruppe rechts neben dem Zeichnungsrahmen vorhanden.

Alle drei Wege öffnen das Menü [Place Part] (Abb. 125). Im oberen Eingabefeld kann hier ein Kürzel oder Anfangsbuchstabe eines Bauteils eingegeben werden, wobei die englischsprachigen Namen zu bedenken sind. Wählen wir als erstes eine Gleichspannungsquelle und geben *vdc* ein. Im unteren Fensterbereich erscheint das Schaltkreissymbol. Dabei sollten alle Bibliotheken (Englisch: Libraries) aktiviert sein (also blau hinterlegt).

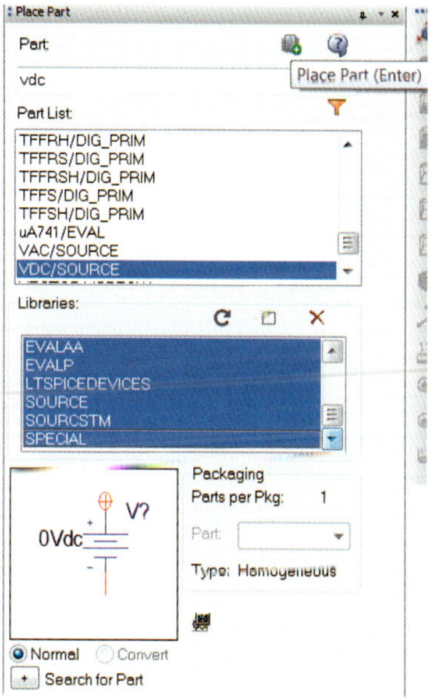

Abb. 125: Place-Part-Menü.

Wenn das Bauteil in der Liste blau hinterlegt und als Symbol dargestellt ist, muss man noch das Symbol [Place Part (Enter)] anklicken. Jetzt bewegt sich der Schaltkreissymbol-Umriss mit dem Cursor über die Zeichnungsfläche.

<ML> an einem beliebigen Punkt platziert das Bauteil. Danach ist der Umriss immer noch mit dem Cursor beweglich zur nochmaligen Platzierung. Man beendet die Platzierungsfunktion für die Spannungsquelle durch Drücken der Escape-Taste [ESC]. Nach diesem Schema weiter verfahrend, platziert man alle Bauteile so, dass sie nur noch durch Drähte verbunden werden müssen. Also für die Widerstände:

1. Das Kürzel R im [Place Part]-Menü eingeben,
2. R/Analog erscheint blau hinterlegt in der Liste,
3. Symbol drücken,
4. Cursor an entsprechende Stelle auf der Zeichnung bringen,

5. <ML> und
6. [ESC]-Taste drücken, um Vorgang abzuschließen.

Die Spannungsquelle war senkrecht, die Widerstände horizontal angeordnet. Möchte man Bauteile drehen, dann muss man vor dem Platzieren einfach auf der Tastatur den Buchstaben r drücken, um die Bauteile zu rotieren. Das sollte man dann für die Spule (L) und den Kondensator (C) anwenden. Damit sieht die Zeichnungsfläche bisher aus wie in Abbildung 126. Es fehlen noch zeitabhängige Schalter zum Schließen und Öffnen der Zweige. Man findet sie mit der Abkürzung sw (für Englisch: Switch). Man wählt die Schalter zum Öffnen (sw_tOpen) und Schließen (sw_tClose) aus der EVAL-Bibliothek und platziert sie horizontal in der oberen Reihe. Zum Feinplatzieren klickt man die Schaltsymbole so an, dass sie von einem gestrichelten, lilafarbenen Kasten umgeben sind und verschiebt sie mit gehaltener linker Maustaste. Man braucht einen Schalter, der zu Beginn den Ladestrom in den Kondensator lässt (sw_tClose); einen Schalter, der nach dem Laden den Schwingkreis (linke Masche) schließt (sw_tClose) und einen Schalter, der gleichzeitig von der Quelle trennt (sw_tOpen). Richtig positioniert sieht das so aus wie in Abbildung 127. Abschließend braucht man noch eine Erdung (Ground) des Kreises, ohne die keine Berechnung möglich ist. Das [Place Ground]-Menü öffnet sich und man wählt die einzige Erdung, die eine Null enthält [0/CAPSYM]. Auch diese wird platziert, zum Beispiel unterhalb der Spannungsquelle.

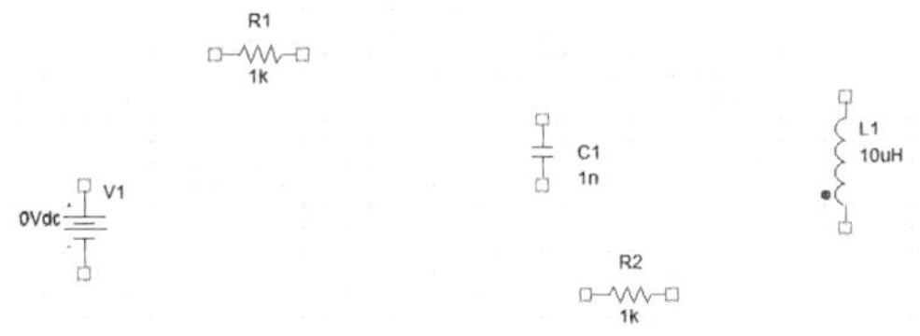

Abb. 126: Platzierte Bauteile.

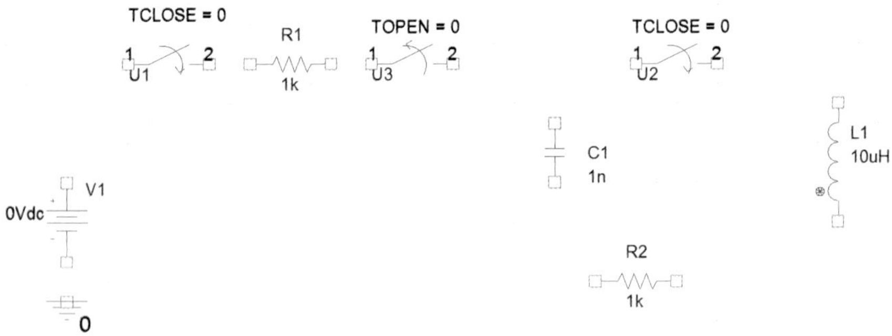

Abb. 127: Platzierte Bauteile, komplett.

Jetzt sind die Elemente nur noch zu verdrahten und dann die Bauteilwerte einzutragen. Das Verdrahten beginnt mit dem Menü [Place] und darin [Wire] oder mit dem Symbol in der Funktionengruppe [Place] rechts neben der Zeichnung oder durch die Tastatur-Taste [w]. Der Cursor wird zu einem Kreuz, dann wählt man die quadratischen Anschlusspunkte der Bauteile durch <ML> aus und man kann von einem zum nächsten Bauteil einen Draht ziehen. Den Vorgang beenden kann man wieder mit der [ESC]-Taste.

Das Programm zeigt dabei durch einen roten Punkt den möglichen, korrekten Kontakt an (Abb. 128 a) und <ML> erzeugt den Draht. Dagegen wird ein unmöglicher Kontakt durch ein kleines gelbes Dreieck mit Ausrufezeichen am Cursor angedeutet (Abb. 128 b).

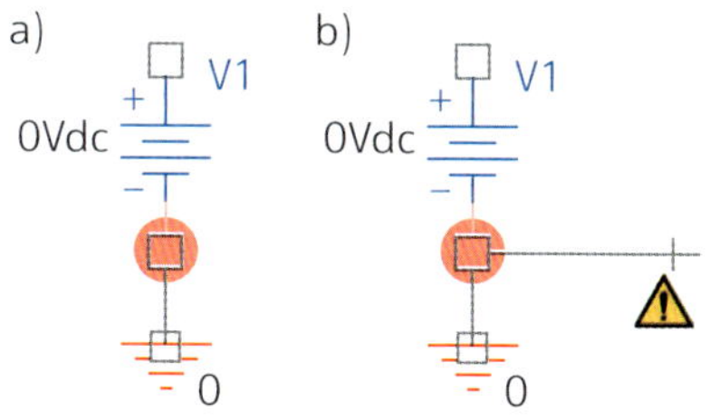

Abb. 128: a) Mögliche, b) nicht mögliche Kontaktstelle.

Ein falsch erzeugter Draht kann durch Anklicken (wird dann lila) und Drücken der Entfernen-Taste [Entf] vollständig entfernt werden (ggfs. in mehreren Abschnitten entfernen).

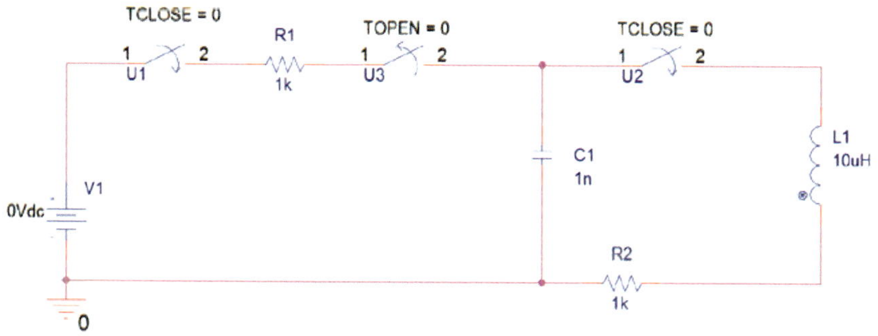

Abb. 129: Fertig verdrahteter Schaltkreis.

Der fertig verdrahtete Schaltkreis sieht dann so aus wie in Abbildung 129. Jetzt müssen noch die Bauteil-Eigenschaften wie gewünscht bestimmt werden. Für jedes Bauteil ist ein *Name* dargestellt (zum Beispiel V1 für die Quelle und R1 für einen Widerstand) und zudem ein Bauteilwert (Englisch: Value). Dieser Wert hat die passende Einheit (ohne Angabe) und Zehnerpotenzen können durch Einheitenvorsätze korrekt angegeben werden (zum Beispiel für R1: Der angegebene Wert 1 k = 1 kilo Ohm), wie bei elektrischen Bauteilbeschriftungen oft üblich, steht ein *u* für μ. Sämtliche Werte und Namen lassen sich durch <DML> ändern: Ein Menü öffnet sich und in der oberen Eingabezeile kann man den gewünschten Wert angeben.

Damit erhält man den fertig erstellten Schaltkreis in Abbildung 130. Die Spannungsquelle wurde auf V1 = 10 V gesetzt, der Schießschalter zum Laden des Kondensators auf 0 Sekunden („sofort") und das Beenden des Ladevorgangs auf t_{Ende} = 80 µs. Sollte alles korrekt kontaktiert sein, kann er berechnet werden.

Unter [Design Cache] im Projektmanager findet man jetzt alle verwendeten Bauteile.

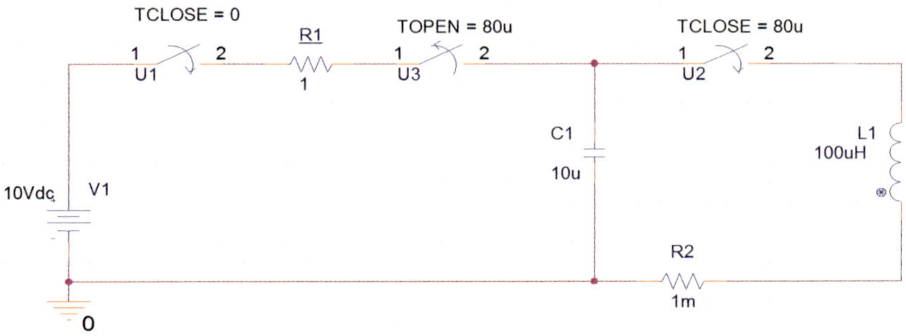

Abb. 130: Fertiger Schaltkreis.

Berechnen der Schaltung

Die zeitabhängigen Spannungs-Stromverläufe müssen mit einer transienten Berechnung ermittelt werden. Zur Durchführung der Berechnung braucht man die PSPICE-Funktionengruppe 

.

Mit dem Symbol direkt rechts neben dem Pull-Down-Menü legt man eine neue Simulation mit einem Namen (hier: LCR) an. In der Taskleiste wird ein geöffnetes Fenster durch angezeigt. <ML> öffnet es: Das ist das Kontext-Menü zu [Simulation Settings] (das ist das 2. Symbol der PSPICE-Funktionengruppe) (Abb. 131). Hier müssen das berechnete Zeitintervall $0 < t < t_1$ [Run to time] und die Größe des Zeitschrittes Δt [Maximum Time Step] angegeben werden. Man muss beachten, dass eine Dezimalstelle durch einen Punkt, nicht durch Kommata getrennt wird. Wir wählen hier $t_1 = 500$ µs und für den Zeitschritt $\Delta t = 0{,}5$ µs. Zudem muss die Bestimmung des Anfangs-Gleichgewichtspunktes übersprungen werden (Haken bei [SKIPBP]).

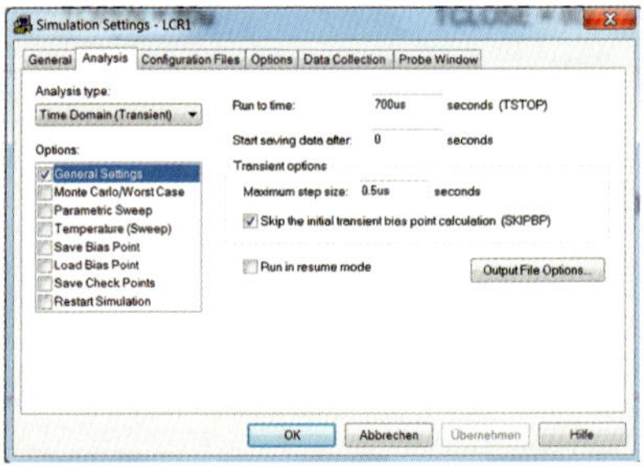

Abb. 131: Simulation Settings.

Als Ausgabegröße wählen wir die Knotenspannung am Eingang des Kondensators. Dazu muss man dort eine Messspitze (Englisch: Marker) für die Spannung (Englisch: Voltage) platzieren (5. Symbol der Funktionengruppe). Damit sieht die Schaltung nun aus wie in Abbildung 132. Zunächst ist die Messspitze grau, nach der Berechnung hat sie die Farbe, in der der Ergebnisgraph gezeichnet wurde.

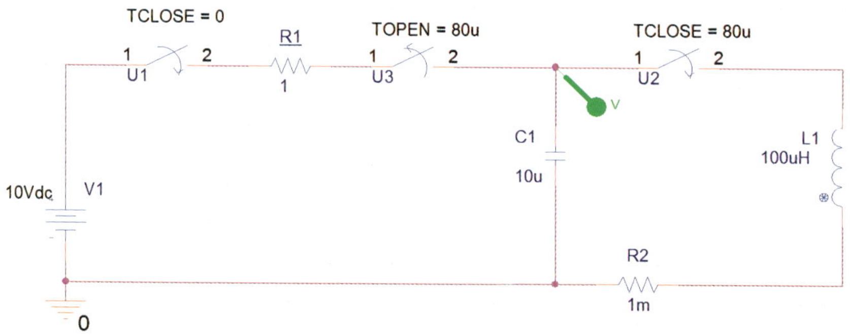

Abb. 132: Simulierte Schaltung mit Voltmeter-Messspitze am Kondensator.

Ergebnisauswertung

Den Start der Berechnung führt man aus durch Betätigung des Buttons [Run PSpice] in der PSPICE-Funktionenengruppe. In der Windows-Taskleiste erscheint das Symbol nach dem Ende der Berechnung. Anklicken öffnet das Fenster und im Graphikfenster zeigt sich das Zeitsignal der Spannung am Kondensatoreingang (Abb. 133). Die Strichstärke des Signals ist etwas klein. Daher kann man mit <MR> auf dem Graphen eine Auswahlliste öffnen, in der unten [Trace Property] erscheint. Es erscheint ein Fenster [Trace Properties], in dem die Farbe, das Strichmuster und die Strichstärke geändert werden können.

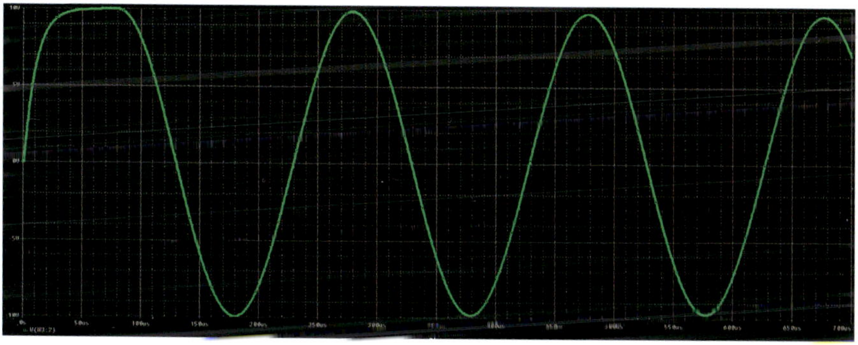

Abb. 133: Zeitsignal mit Ladevorgang (bis 80 µs) und Schwingung.

Damit erhält man das Ergebnis in Abbildung 133. Die ersten 80 µs stellen den Ladevorgang des Kondensators dar. Dann wird umgeschaltet und der Schwingkreis führt eine freie Schwingung aus.

Will man auch den Strom durch den Kondensator C1 abbilden, muss man zunächst eine zweite y-Achse (mit neuen Einheiten in Ampere) im PSpice-Hauptmenü unter [Plot] [Add Y Axis] (oder [Strg] [y]) anlegen. Anschließend führt man den neuen Graphen ein (im Hauptmenü [Trace], darin [Add Trace]). Es öffnet sich das [Add Trace]-Fenster mit einer Liste an möglichen Ausgabevariablen (linke Seite) und mathematischen Operatoren (rechte Seite). Mit den mathematischen Operatoren können die Ausgabevariablen verknüpft werden. Durch Anklicken der Variable (hier I(C1:1) also der Eingangsstrom am Kondensator C1) erscheint die Größe in der unteren [Trace Expression]-Zeile. Mit dem Kommando [OK] wird sie dargestellt. Auch hier ist die Strichstärke sehr dünn und sollte mit <MR> auf dem Graphen und [Trace Property] erhöht werden. Das Ergebnis zeigt Abbildung 134.

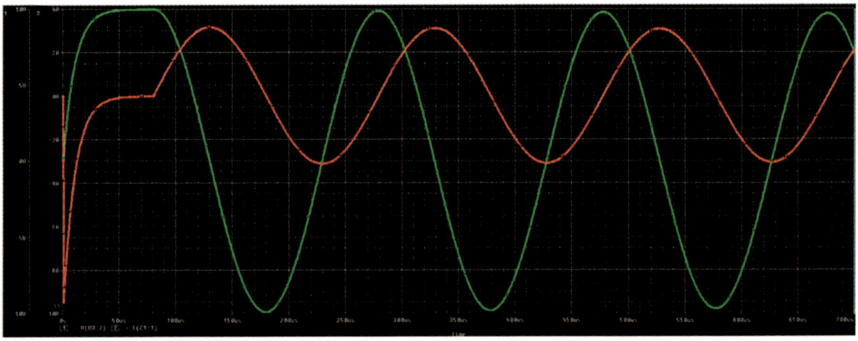

Abb. 134: Eingangsspannung und -strom am Kondensator.

Will man nur die Schwingung darstellen und den Ladevorgang nicht im Plot haben, muss man im [Simulation Settings]-Menü in der Eingabezeile [Start Saving Data After:] die Ladezeit von 80 µs eingeben. Das Ergebnis ist nur die reine, freie Schwingung.

Dieses Signal hat als feste Frequenz die Kennfrequenz des Schwingkreises. Man kann sie entweder durch Ablesen der Schwingungsdauer $T = 1/f$ am Signal in Abbildung 134 bestimmen oder das Spektrum mittels FFT (Englisch: Fast Fourier Transform) des Signals anzeigen lassen. Dazu nutzt man nur das Signal der freien Schwingung, zum Beispiel indem alle Zeitschalter auf die Schaltzeit 0 s gesetzt werden.

Nachdem der Button [FFT] gedrückt wurde, erhält man ein Spektrum bis zu sehr hohen Frequenzen. Man muss zuerst durch <DML> auf die Beschriftung der Zeitachse das x-Intervall von 0 kHz bis 20 kHz einstellen, damit man den maximalen Amplitudenwert bei ca. 5000 Hz sieht.

Zudem kann man durch die Wahl im Hauptmenü [Tools] [Options ...] den Hintergrund auf Weiß einstellen (zum Beispiel um auszudrucken). Das öffnet das [Probe Settings]-Fenster. Darin wählt man den Reiter [Color Settings], um die Hintergrundfarbe [Background] ändern zu können. Man erhält das Signal in Abbildung 135. Der Amplitundenmaximalwert liegt – wie erwartet – bei der Frequenz von $f = 5000$ Hz (vgl. oben: Beschreibung der Problemstellung).

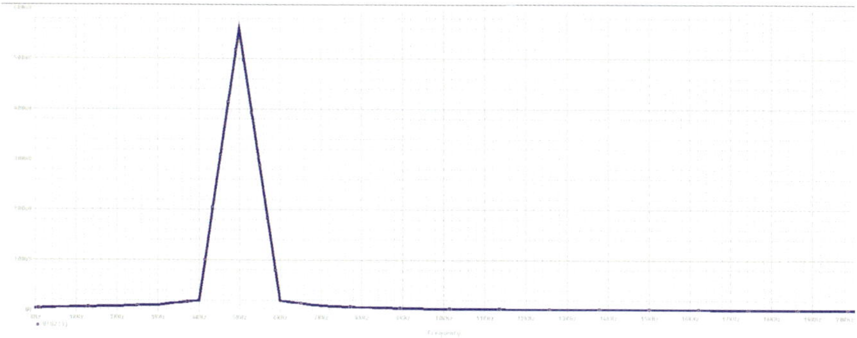

Abb. 135: FFT des Spannungs-Zeit-Signals am freien Schwingkreis.

4.4 Berechnung eines kapazitiven Näherungssensors mit MARC/MENTAT®

Kapazitive Näherungssensoren werden zur Erkennung von metallischen und nichtmetallischen Gegenständen sowie menschlichem Gewebe verwendet. Das physikalische Messprinzip beruht auf einem offenen Kondensator (Abb. 136), dessen Feldlinien an der Messseite aus dem Sensor „herausragen".

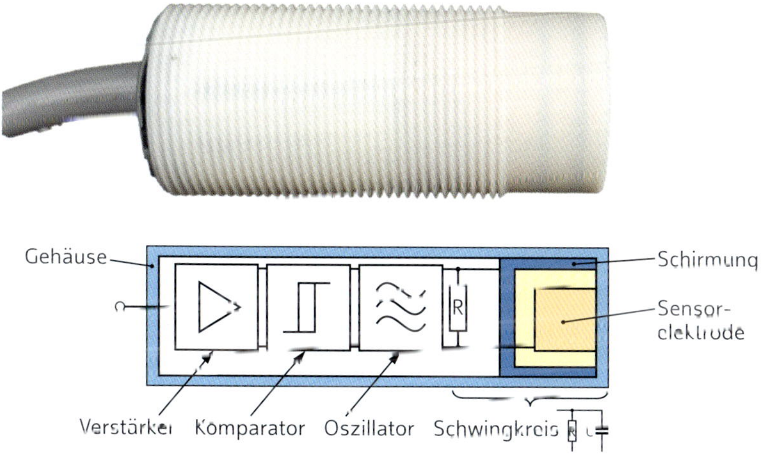

Abb. 136: Oben: Kapazitiver Näherungssensor, unten: Funktionsweise

Wird ein zu detektierender Gegenstand näher als der **Schaltabstand** in dieses Feld gebracht, ändert sich die Kapazität des Kondensators. Der Kondensator ist Teil eines RC-Schwingkreises und wird durch die Kapazitätsänderung verstimmt.

Diese Verstimmung führt zum Schalten. Kapazitive Näherungssensoren werden mit dem äußeren Gewinde (Abb. 137 b) zum Beispiel in einer Silowand verbaut, um den Füllstand von Schüttgut zu prüfen (Abb. 137 a). Der Sensor in Abbildung 137 ragt dabei in das Innere des Behälters hinein (nicht bündig verbaut, Abb. 137 b).

Diese Einbausituation soll für die Simulation des Sensorfeldes betrachtet werden. Da die Sensor- und Elektrodengeometrie im Sensoraufbau axialsymmetrisch sind, soll für die Rechnung das Modell ebenfalls axialsymmetrisch aufgebaut werden.

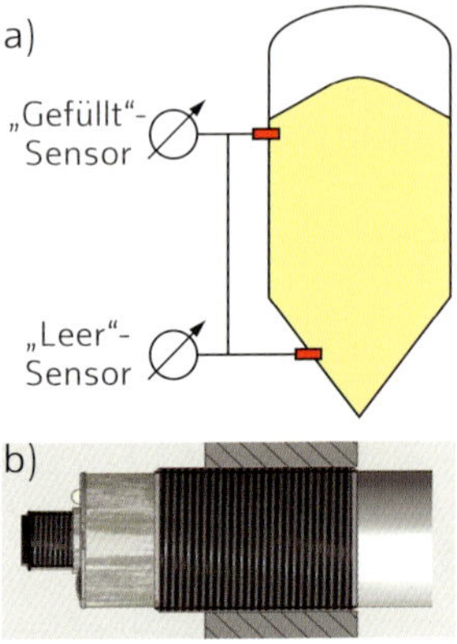

Abb. 137: Einbau: a) Position am Silo, b) Verschraubung.

Preprocessing

Das Programm MARC/MENTAT wird im Startmenü unter MSC.Software oder durch <DML> auf das Desktop-Symbol gestartet.

Geometrie einlesen
Zuerst wird die Geometrie in Form eines axialsymmetrieschen Schnittes durch den Näherungssensor in Einbaulage eingelesen. Die Geometrie ist als DXF-Datei gegeben.

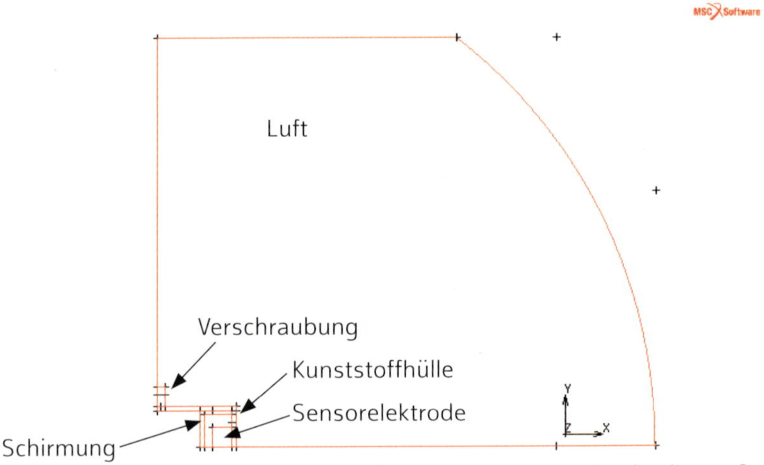

Abb. 138: Nachbargeometrie des eingebauten Sensors.

Nach dem Start wird dazu unter [File] [Import] [DXF/DWG] die Datei „*4_4_Geometrie_mittl_Elektrodenabstand.dxf*" ausgewählt. Gewöhnlicherweise ist die Darstellung nicht im Graphikfenster zentriert, deshalb sollte man nach den Einlesen einmal auf (fill view) klicken. Das Ergebnis zeigt die Abbildung 138.

Vernetzung: Randkurvenunterteilung

Die eingelesenen Linien bilden die Begrenzungen der einzelnen Materialbereiche. In jedem dieser Bereiche gilt eine andere Dielektrizitätskonstante. Auf den Linien wird die Elementgröße auf dem Rand vorgegeben. Eine zufriedenstellende Genauigkeit kann hier mit einer **Elementkantenlänge** von $h = 0{,}5$ mm erzielt werden.

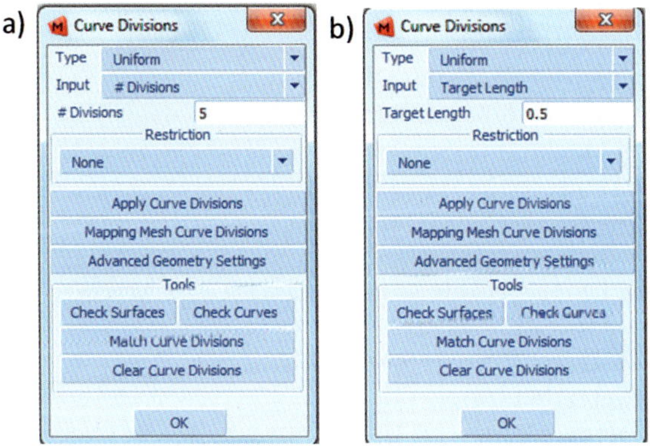

Abb. 139: Einbau: Curve-Division: a) Zahl der Unterteilungen (5); b) Zielkantenlänge (0,5 mm).

In der ganz links oben mit der Bezeichnung „Main Menu“ gekennzeichneten Reihe mit Funktionsregistern wählt man das erste ([Geometry & Mesh]) aus. Im 2. Funktionenblock darunter ([Pre-Automesh]) wählt man den Eintrag [Curve Divisions]. Es öffnet sich das entsprechende Kontext-Fenster (Abb. 139). Standardmäßig ist die Zahl der Unterteilungen (Divisions) auf 5 gesetzt (Abb. 139 a). Unter dem Eintrag Input kann man von [Divisions] auf [Target length] (≙ Elementkanten-Zielgröße auf der Kurve) umstellen. Dann kann die Länge auf 0,5 mm umgestellt werden (Abb. 139 b). Diese Elementkantenlänge soll für alle Kurven, die die Sensorgeometrie beschreiben, angewendet werden.

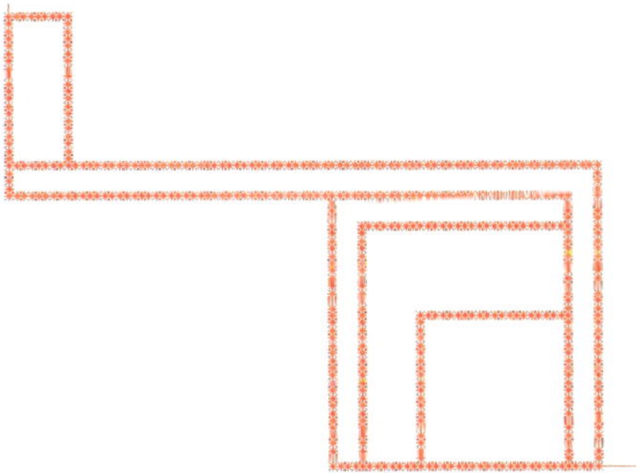

Abb. 140: Sensorbereich mit Randkurvenunterteilung.

Das macht man durch Betätigen des Buttons [Apply Curve Division] und anschließender Auswahl von Kurven, für die diese Zuordnung gelten soll. Die Kurvenauswahl kann zum Beispiel durch Aufziehen eines umschließenden Kastens in der linken, unteren Geometrieecke bei gedrückt gehaltener, linker Maustaste geschehen. Lässt man die linke Maustaste <ML> wieder los, sind die ausgewählten Kurven gelb eingefärbt. Möchte man die Auswahl rückgängig machen, muss die mittlere Maustaste <MM> betätigt werden. Die Auswahl bestätigt man mit dem Klick auf die rechte Maustaste <MR>. Der linke untere Bereich soll genauer angesehen werden. Dazu kann man die [Zoombox] auswählen und mit <ML> gedrückt im Graphikfenster einen Bereich aufziehen und loslassen. Das Ergebnis sollte so aussehen, wie in Abbildung 140. Die Sterne auf den Kurven sind die Orte der Randknoten der Randelemente.

Es fehlt noch die Unterteilung des Sensor-Nahbereichs (Innenraum eines Silos). Dazu nimmt man wieder die Gesamtgeometrie durch Herauszoomen mit [Fill View] in Betracht. Je weiter die Elemente von der Sensorposition entfernt sind, umso weniger relevant ist die Genauigkeit der Geometrieauflösung. Daher werden weit entfernt größere Elementkanten zulässig als direkt am Sensor. Deshalb soll hier die Elementkantenlänge sukzessive auf $h = 3$ mm heraufgesetzt werden. Dazu ändert man den Typ der Randkurvenunterteilung von [Uniform] auf [Variable L1->L2] (Abb. 141). Die Längen L1 und L2 sind der jeweils kürzeste und längste Randknotenabstand. Dazwischen entsteht ein gleitender Übergang. Mit [Apply Curve Divisions] und anschließendem Klick auf die horizontal und vertikal vom Sensor wegzeigenden Kurven werden diese Kurven gelb (also aktiviert). <MR> weist die Aktion zu. In einem weiteren Schritt stellt man den Typ der Randkurvenunterteilung wieder zurück auf [Uniform], wählt die Größe $h = 3$ mm und unterteilt die beiden letzten Kurven. Das Ergebnis zeigt Abbildung 142.

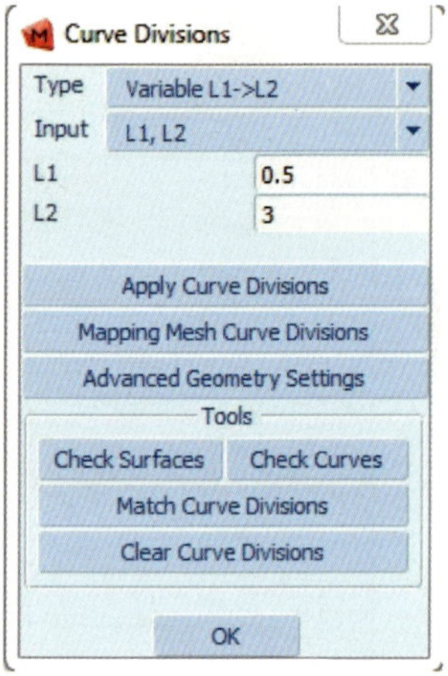

Abb. 141: Variable Randkurvenunterteilung.

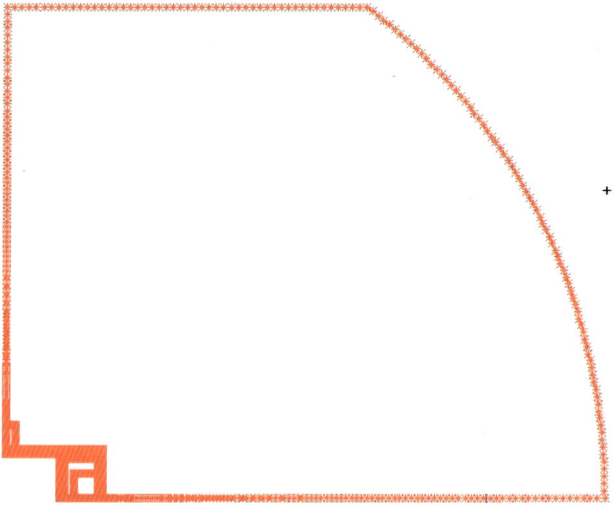

Abb. 142: Randkurvenunterteilung komplett.

Vernetzung: Ebene Flächenvernetzung und Materialien

An dieser Stelle bietet es sich an, die **Analyseklasse** der Berechnung auf „[Electrostatic]" umzustellen. Dazu klickt man in der zweiten Menüleiste oben rechts auf [Analysis Class] und wählt im Pull-Down-Menü [Electrostatic]. Damit werden vom Programm bei der Materialwerteingabe auch elektrostatische Materialeigenschaften abgefragt. Zunächst legen wir die Materialien an, die dann nach der Vernetzung den neu vernetzten Bereichen zugeordnet werden. Die Materialverteilung für den Einbau und den Kondensator am Sensor-Ende zeigt die Abbildung 143 im Längsschnitt.

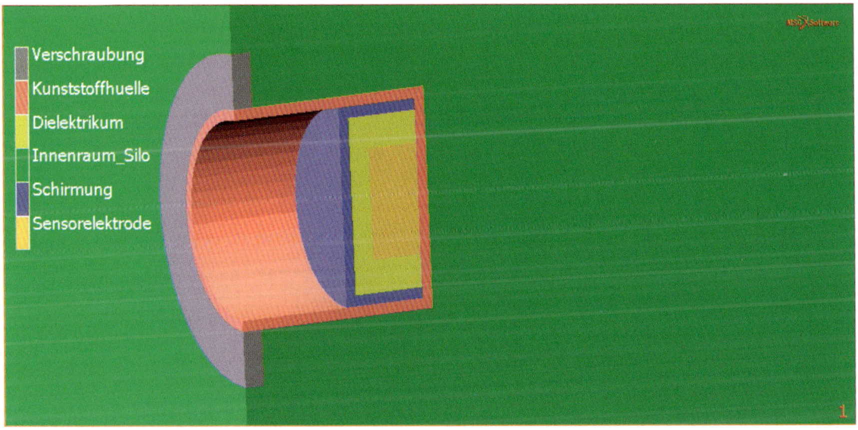

Abb. 143: Längsschnitt durch den Sensor: Materialverteilung.

Angelegt werden die Materialien bis *Innenraum_Silo*; Die Elektroden (Schirmung und Sensorelektrode) gehen nur mit dem Potential an der Oberfläche als Randbedingung in die Berechnung ein. Die entsprechenden Materialwerte zeigt Tabelle 6:

Material	Dielektrizität $\varepsilon = \varepsilon_r \, \varepsilon_0 \; [\varepsilon] = \frac{As}{Vm}$
Verschraubung (PE)	4.427e-11
Kunststoffhülle (PE)	4.427e-11
Dielektrikum (PUR)	5.312e-10
Innenraum_Silo (Luft)	8.854e-12

Tabelle 6: Dielektrische Materialwerte der Sensoranordnung.

Materialien werden im [Main Menu] im 4. Register [Material Properties] angelegt. Die Auswahl [New] [Standard] öffnet ein Kontext-Fenster für die Materialwerteingabe. Unter [Other Properties] [Eps] können die Dielektrizitätswerte [Permittivity] eingetragen werden. Unter [Name] kann der Materialname eingetragen werden. Auf diese Weise sollten zunächst alle Materialien angelegt werden.

In der Modellstruktur (Model Navigator), links neben dem Grafikfenster, ist dann für jedes Material ein Eintrag entstanden (Abb. 144).

Abb. 144: Materialien im Model Navigator.

Zur Vernetzung geht man zurück zum ersten Register [Geometry & Mesh] im [Main Menu] und wählt hier im 3. Funktionenblock [Automesh] den Eintrag [Planar] für ebene Vernetzung. Im aufgehenden Fenster wählt man die Vernetzung mit **Vierecks-Elementen** (**Quads**) und dabei die Vernetzungsmethode **Advancing Front** (Adv Frnt). Diese Methode baut das Netz vom Rand her nach innen Schicht für Schicht auf. Durch Klick auf den [Quad Mesh!]-Button wird das Vernetzen aktiviert. Jetzt weist man durch Auswahl im Graphikbereich einen geschlossenen Linienzug zu, dessen Innenseite vernetzt werden soll.

Wir beginnen mit der Verschraubung:

a) Zur Auswahl der 4 Linien mit <ML> einen Kasten aufziehen,
b) <ML> loslassen (Linien werden gelb),
c) <MR> das Innere wird vernetzt.

Jetzt werden die entstandenen Elemente den Materialien zugewiesen, indem man das Materialfenster durch Doppelklick mit <ML> (<DML>) auf Verschraubung im Model Navigator öffnet. Im unteren Bereich des Materialfensters werden die entsprechenden Elemente zugeordnet. Durch Klicken auf [Elements] [Add] wird die Zuordnung aktiviert. Die Auswahl der betreffenden Elemente im Graphikfenster kann wieder im Dreischritt durch a) Aufziehen, b) Loslassen eines Kastens mit <ML> und c) anschließend <MR> erfolgen.

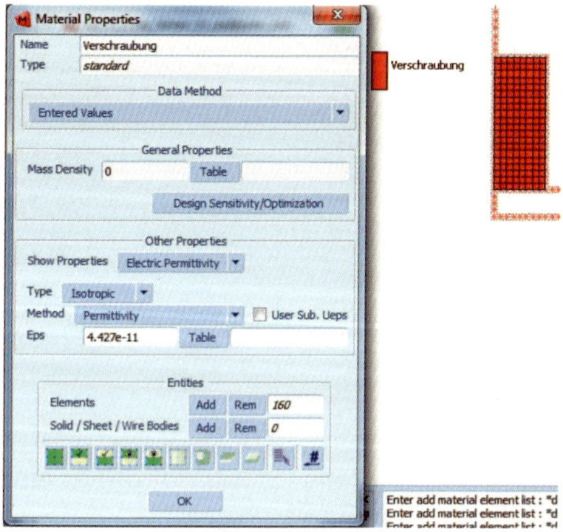

Abb. 145: Materialkarte Verschraubung mit Name, Materialwert und Elementen.

Im Funktionenfeld unter [Material Properties] befindet sich ein Eintrag [Identify], der durch einen Haken aktiviert werden kann. Dadurch wird im Graphikbereich die Materialzuordnung durch eine Farbkodierung angezeigt.

Alle bisher vorgenommenen Schritte ergeben eine Darstellung wie in Abbildung 145. Die Verschraubung ist mit 160 Elementen erzeugt worden. Genauso verfährt man auch mit den anderen Materialien: Vernetzung erzeugen und dann dem Material zuweisen. Am Ende der drei ersten Materialien sieht das Bild der Vernetzung in Sensornähe aus wie in Abbildung 146. Wie bereits erwähnt werden die Elektroden nur über ihre Oberflächenpotentiale erfasst.

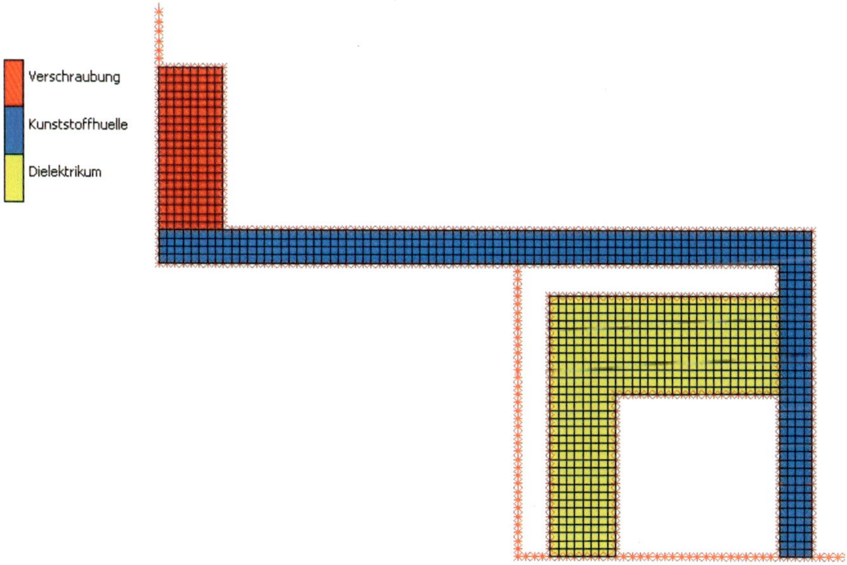

Abb. 146: Vernetzung des Sensorbereiches.

Um schon vernetzte und mit Materialien versehene Elemente von neu vernetzten zu unterscheiden, werden jetzt alle Material-Elemente selektiert. Das geht in der in der obersten Menü-Zeile mit dem Pull-Down-Menü [Select] direkt neben [File]. Darin öffnet [Selection Control] ein Fenster für die Auswahl von Objekten. Hier werden alle Elemente mit einer Materialeigenschaft zusammengestellt. Dazu wählt man in der Zeile [Elements] den Knopf [By], um im nächsten Fenster die Möglichkeit zur Auswahl anhand von Materialien [Material] zu bekommen. Das Anklicken von [Material] liefert eine Materialliste zum Auswählen durch <ML>. Man selektiert Verschraubung, Kunststoffhülle und Dielektrikum. Im Graphikbereich werden die selektierten Elemente grün, im [Selection Control]-Fenster sind 1120 Elemente als ausgewählt angezeigt.

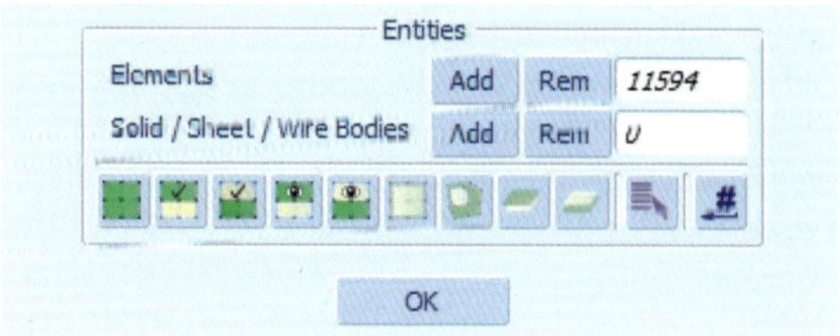

Abb. 147: Auswahl nicht-selektierter Elemente.

Jetzt vernetzt man den Innenraum_Silo durch Auswahl der Quad-Vernetzung im [Automesh 2D Planar]-Menü, dem Selektieren der Randkurven und der Bestätigung durch <MR>. Die Zuordnung zum Material geschieht nun im [Material Properties]-Fenster (<DML> im [Model Navigator] auf Innenraum_Silo) durch [Entities] [Elements] [Add]. Dann weist man im Auswahlbalken unter den Entities mit dem Button [All Unselected] gerade die nicht ausgewählten Elemente zu (Abb. 147).Dadurch werden die 11594 Elemente für die Innenraum-Vernetzung des Silos zugewiesen.

Damit ist das Modell vernetzt und alle Materialbereiche zugeordnet. Es bleibt noch eine Aufgabe, die man durch die folgende Überlegung verdeutlichen kann:

Die einzelnen Materialflächen sind für sich vernetzt worden. An der Verbindungsstelle zu einem anderen Material sind durch die Vernetzung nochmals Knoten an den gleichen Stellen entstanden. Damit keine Lücke auftritt, müssen alle Elemente an Materialgrenzen auf die gleichen Randknoten zurückgreifen. Knoten doppelt belegter Randknotenpositionen müssen miteinander verschmelzen. Der Befehl [Sweep] im 4. Kasten der Funktionen [Operations] in Menü [Geometry & Mesh] ist genau dafür bereitgestellt. Das eigene Fenster ermöglicht im Modus [Merge] das Verschmelzen von doppelten Knoten [Nodes] im Umkreis mit dem Radius [Tolerance] in Millimetern. Mit dem Auswahlknopf [All Existing] im Auswahlbalken wendet man diese Funktion auf alle existierenden Knoten an und findet dabei alle doppelten auf. Im Dialogbereich unterhalb der Graphik gibt das Programm 163 Knoten als doppelt und bereinigt aus. Damit ist die Vernetzung abgeschlossen.

Randbedingungen

In einem Sensor wird an dem Messkondensator eine Spannung betrieben, die zwischen $U = 10$ V bis 35 V liegt. Gewählt wird in diesem Beispiel eine Spannung von $U_{Betrieb} = 24$ V. Diese Spannung liegt zwischen der Schirmung (geerdet, $U = 0$ V) und der Messelektrode ($U = 24$ V) an.

Im Programm werden Randbedingungen im [Main Menu] unter dem Register [Boundary Conditions] vorgegeben. Im Funktionenblock wird [New (Electrostatic)] ausgewählt. (Sollte „electrostatic" nicht auswählbar sein, ist die Analyseklasse (2. Menüzeile oben rechts) nicht auf Electrostatic eingestellt.) Man wählt also [New (Electrostatic)] und darin [Fixed Electric Potential]. Ein Kontext-Fenster wird geöffnet und ein Eintrag im [Model Navigator] erfolgt. Es empfiehlt sich, den Randbedingungen sinnvolle Namen zu geben; hier zum Beispiel 0_Volt. Dann ist unter [Potential (Top)] ein Haken zu setzen. Der Potentialwert *0 Volt* ist der Default. Es fehlt noch die Zuordnung, wo dieser Wert vorliegt. Dieser Spannungswert ist auf der Schirmungselektrode auf allen Kurven vorzugeben, wo diese auf eine Vernetzung trifft. Daher aktiviert man im [Boundary-Condition-Properties]-Fenster unter [Entities] [Curves] [Add], klickt im Graphikbereich die entsprechenden Kurven an und weist diese (jetzt gelben) Kurven durch <MR> zu. Damit ist die erste Randbedingung gesetzt. Ganz analog geht man bei der zweiten Randbedingung vor. Auch im [Boundary Conditions]-Menü gibt es einen

[Identify]-Button. Durch Hakensetzen werden die Randbedingungen durch farbcodierte Pfeile angezeigt (Abb. 148). Damit sind auch die Randbedingungen gesetzt.

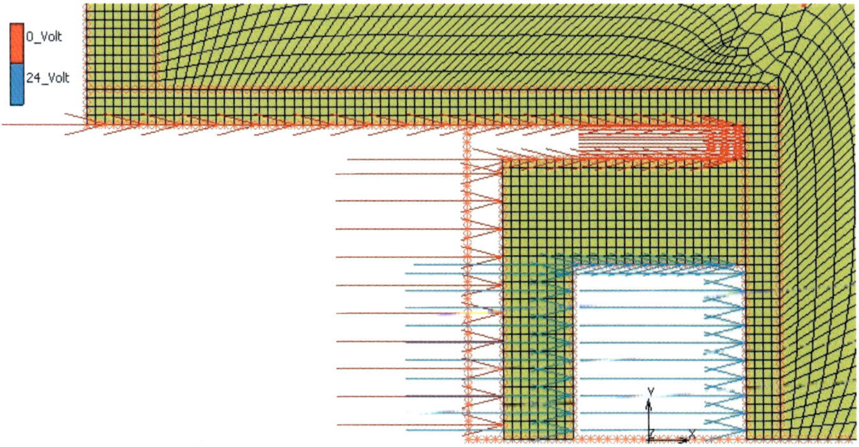

Abb. 148: Randbedingungen an den Elektroden.

Loadcase

Man kann sich eine Berechnung mit verschiedenen Randbedingungen vorstellen. Das wären mehrere Lastfälle. Auch, wenn hier nur ein Lastfall, nämlich der mit der 24-Volt Spannungsdifferenz, gerechnet werden soll, sieht das Programm natürlich mehrere Lastfälle vor.

Im Programm findet man im [Main Menu] als drittletztes Register mit [Loadcases] die Möglichkeit, einen Lastfall anzugeben. Man wählt [New] im Menü und dann [Steady State] im Pull-Down-Menü. Im Kontext-Menü zeigt ein gelbes Kästchen vor [Loads], dass Lasten aktiviert sind. Durch <ML> Klick darauf, kann man nachsehen, was damit gemeint ist: Die eingegebenen Spannungspotentiale sind aktiviert. Damit ist der Loadcase definiert.

Jobs

Die Art und Weise, wie ein Lastfall berechnet wird, kann unter Jobs näher spezifiziert werden:
- Welcher Gleichungslöser?,
- Skalar- oder parallele Berechnung? ...

Hier legen wir zunächst einen neuen Job an. Dafür muss im [Main Menu] der zweitletzte Registereintrag [Jobs] gewählt werden. Im Menü-Block wählt man [New] [Electrostatic], wodurch der Eintrag [jobs (1)] im [Model Navigator] erscheint und man erhält ein Kontext-Menü. (Sollte es sich schließen, kann es durch <DML> wieder geöffnet werden). Im [Job Properties]-Menü werden

Lastfälle als auswählbar gelistet. In diesem Fall ist das nur der eine Lastfall [lcase1], den wir zuvor erstellt haben. Diesen muss man durch Anklicken auswählen.

Wir hatten in den Vorüberlegungen festgestellt, dass wir eine axialsymmetrische Berechnung durchführen wollen. Das muss durch die [Analysis Dimension] (im unteren Menü-Block, dort oben rechts) eingestellt werden. Man wählt [Axisymmetric] aus und schließt vorübergehend das Menü mit [Ok]; denn im erzeugten Netz muss allen Elementen die Eigenschaft [Axisymmetric] zugeordnet werden. Dafür gibt es in dem zweiten Block des [Jobs]-Menüs, also [Element Types], die gleichnamige Funktion. Oben im sich öffnenden Fester steht die Voreinstellung der Dimension noch auf 3D. Auch hier gilt es umzuschalten auf [Axisymmetric]. Dann muss man unter den [Solid]-Elementen diejenigen suchen, die von der Klasse [Quad] mit 4 Knoten sind und die vollständige Integration [Full Integration] unterstützen. Das sind die Elemente vom Typ 40. Durch Anklicken von [40] im Menü wird die Zuordnung aktiviert. Wenn man im Auswahlbalken den Button [All Existing] anklickt, wird sämtlichen Elementen des Modells diese Eigenschaft zugewiesen. (Das kann im [Element Types]-Fenster durch Hakensetzen bei [ID Types] überprüft werden). Damit ist das Preprocessing vollständig und man sollte das Erreichte in einer Modelldatei abspeichern mit [Files] [Save As]. Hier einen sinnvollen Dateinamen eingeben, den man bestenfalls in einem zuvor angelegten Arbeitsverzeichnis erstellt hat. Darin erscheint dann eine Datei mit der Bezeichnung: *Dateiname.mud*. Diese Datei ist vom Nutzer erstellt worden und kann gegebenenfalls später weiter editiert werden.

Solving

Die Berechnung wird aus dem Untermenü [Run] in [Jobs] gestartet (Abb. 149). Behält man sämtliche Voreinstellungen bei (empfehlenswert!), kann man mit [Submit (1)] den Berechnungsauftrag an die CPU weiterleiten. Im Fenster schaltet in der Zeile Status der Eintrag von [Not Submitted] über [Running] auf [Complete] um. Steht einige Zeilen weiter unten hinter [Exit Number] der Eintrag [3004], ist die Berechnung erfolgreich durchgelaufen und eine Auswertung der Ergebnisse kann erfolgen.

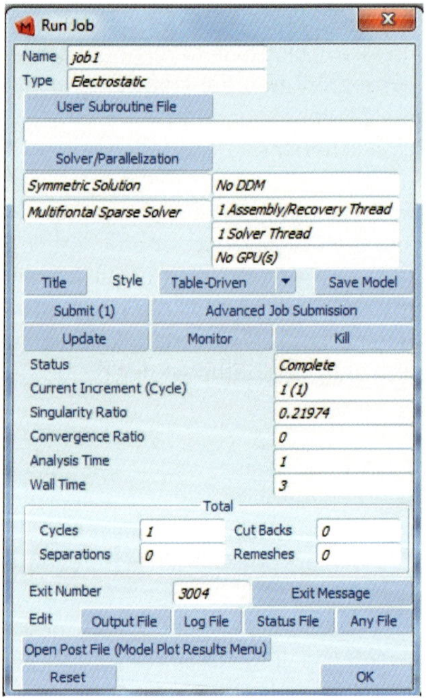

Abb. 149: Das Run-Job-Menü nach erfolgreicher Berechnung.

Postprocessing

Durch die Berechnung hat Marc/Mentat eine eigene Datei erstellt, die sämtliche voreingestellte Ergebnisse enthält. Sie wurde abgelegt in dem zuvor bestimmten Arbeitsverzeichnis. Diese Datei hat die Bezeichnung: *Dateiname_job1.t16*.

Man kann die Ergebnis-Datei auf verschiedene Arten öffnen:

- Aus dem [Files]-Menü: Unter der Rubrik Results gibt es den Punkt [Open Default]. (Das ist das Ergebnis zur geöffneten Modelldatei.)
- Direkt aus dem [Run]-Menü. In der vorletzten Zeile mit dem Button [Open Post File (Model Plot Result Menu)].

Die Ergebnis-Datei wird geöffnet und es öffnet sich gleichzeitig das [Model Plot Results]-Menü. Nach dem Öffnen wird in der graphischen Darstellung noch der Zustand vor der Berechnung angezeigt: Links oben im Graphikbereich sieht man den Eintrag *Inc: 0* (für Berechnungsinkrement Null). Um das berechnete Ergebnis zu sehen, muss man mit den Player-Tasten ein Inkrement weiter schalten.

Es gibt vielfältige Arten der Ergebnisdarstellung in diesem Menü. Um zum Beispiel eine farbcodierte, flächig farbig geplottete Darstellung der Potentialverteilung im Berechnungsgebiet zu erhalten, muss man diese Ergebnisgröße unter [Scalar Plot] einstellen. In unserem Fall ist das das elektrische Potential [Electric Potential], also schon voreingestellt. Dann muss ein Darstellungsstil ausgewählt werden. Für das flächige Zeichen ist das die Option [Contour Band] unter dem Pull-Down_Menü von [Style]. Bis hierhin sieht der Graphikbereich dann aus wie Abbildung 150.

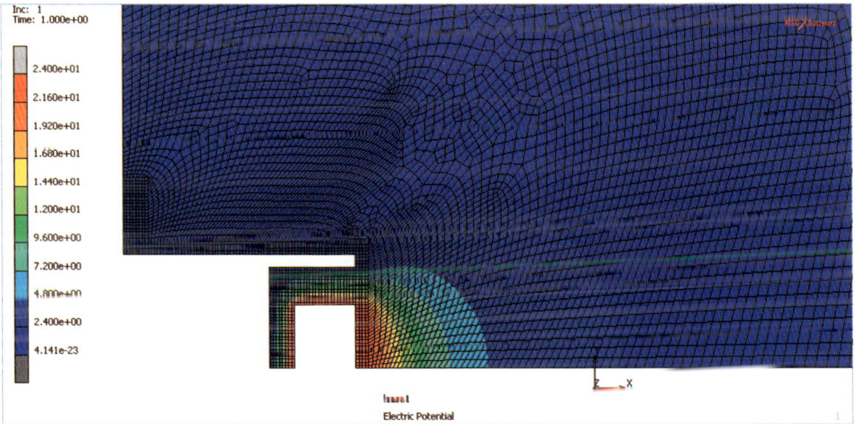

Abb. 150: Potentialverteilung am kapazitiven Näherungssensor.

Es stören zum Beispiel die schwarz dargestellten Elementkanten. Im Menü rechts der Graphik gibt es etliche Einstellungsköpfe für die Beeinflussung der Graphik.

Wählt man zum Beispiel den Knopf , verschwinden die Elementkanten und es entsteht eine stetige Farbgebung. Sollen die Potentialstufen in 1-Volt-Schritten erfolgen, muss man 24 Stufen [Levels] unter [Scalar Plot] [Settings] vorsehen. Soll in der Legende die Darstellung der Zahlenwerte mit Fließkommata angegeben werden, muss man unter [Scalar Plot] [Settings] [Legend] das [Format] auf [Floating] umstellen und die Nachkommastellen auf eins setzen. Im unteren Bildbereich steht noch der Name des Loadcases lcase1. Diesen kann man gegen einen Bildtitel austauschen: Im [Results]-Menü im 3. Funktionen-Block kann man die Funktion [Tools] öffen. Die Option [Change Title] lässt den Alternativtext erstellen. Mit diesen Einstellungen erhält man als Ergebnis die Darstellung in Abbildung 151.

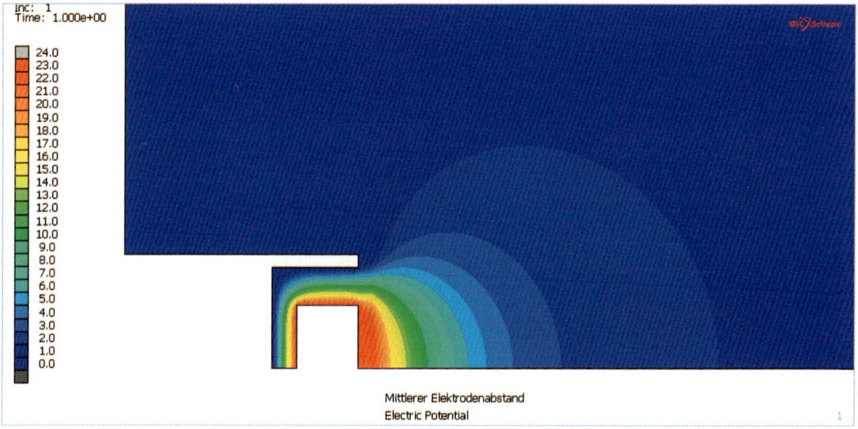

Abb. 151: Potential eines kapazitiven Näherungssensors, aufbereitet.

Die Feldberechnung liefert einen guten Anhaltspunkt für den Vergleich verschiedener Sensorvarianten. In den drei Abbildungen auf Seite 109 wird der Durchmesser der Sensorelektrode variiert.

Man erkennt, dass das Feld bei einem großen Elektrodendurchmesser (kleinen Elektrodenabstand) die größte Reichweite hat und damit auch den potentiell größten **Schaltabstand**. Weitere interessante Ergebnisse betreffen die auf die Elektroden aufgeflossene Gleichgewichtsladung und ihre Verteilung über die Oberfläche. Ihre Größe lässt sich über einen Knotenpfad darstellen.

Man öffnet dazu die Ergebnis-Datei und klickt auf den letzten Reiter [Results] im [Main Menu]. Im ersten Funktionenblock aktiviert man die Funktion [Path Plot]. Daraufhin betätigt man den obersten Button „Knotenpfad" [Node Path] (Abb. 155, S. 110). Dann wählt man im Graphikbereich eine Folge von Knoten auf der Elektrodenoberfläche nacheinander in Pfeilrichtung aus (Abb. 156, S. 110). <MR> weist diesen Knotenpfad zu. Als Folge zeigt sich im Graphikbereich ein weißer Hintergrund. Das ist das Path-Plot-Window, in das hinein gezeichnet werden soll.

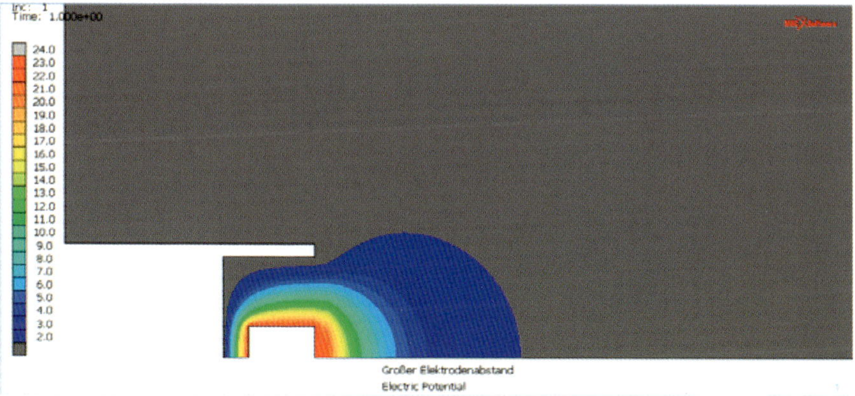

Abb. 152: Potentiallinien von 2 bis 24 Volt. Elektroden-Ø = 10 mm.

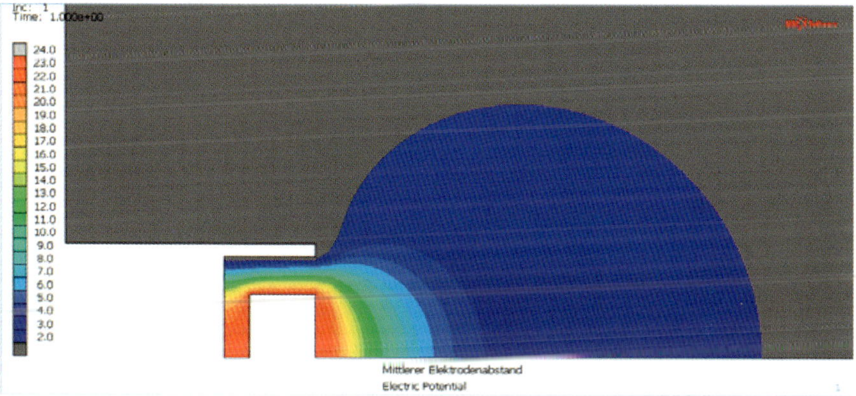

Abb. 153: Potentiallinien von 2 bis 24 Volt. Elektroden-Ø = 20 mm.

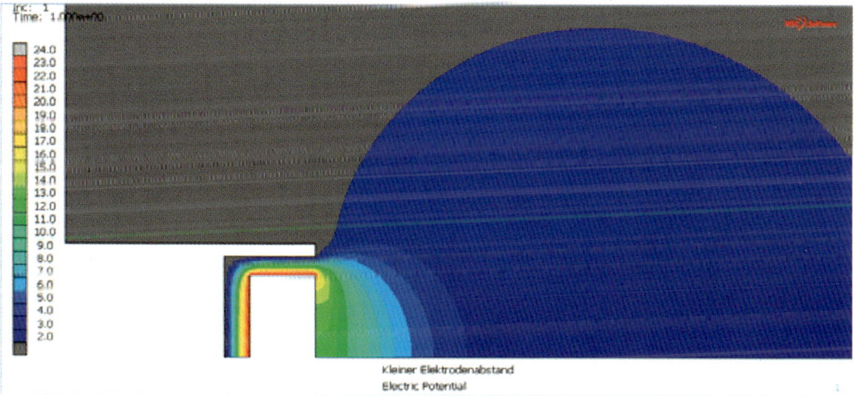

Abb. 154: Potentiallinien von 2 bis 24 Volt. Elektroden-Ø = 25 mm.

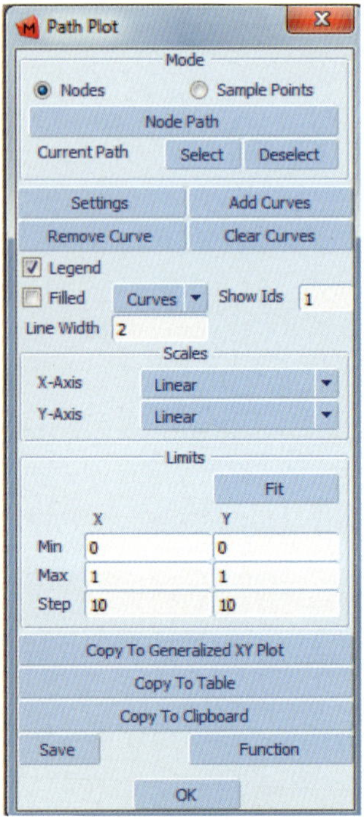

Abb. 155: Path Pilot Menü.

Das Programm erwartet jetzt weitere Angaben zu dem Graphen, um eine Kurve hinzuzufügen.

Im Path-Plot-Menü (Abb. 155) klickt man jetzt auf [Add Curves]. Es öffnet sich ein weiteres Fenster [Add Path Plot Curves]. Durch Betätigen von [Add Curve] wird eine Kurve hinzugefügt. Darunter sind die zur Verfügung stehenden Ergebnis-Variablen gelistet. Als Abszisse wählt man zuerst die Bogenlänge (der durch den ausgewählten Knotenpfad vorgegebenen Kurve) [Arc Length] aus. Dann wählt man als Ordinate die aufgeflossene Gleichgewichtsladung [Reaction Electric Charge]. Es zeigt sich jetzt ein x-y-Plot mit [Arc Length] als horizontaler Achse und [Reaction Electric Charge] als vertikaler Achse. Man sieht aber nur drei Knotenwerte dargestellt. Um den ganzen Plot zu sehen, müssen die Achsen an die maximalen Werte angepasst werden. Dazu findet man im [Path Plot]-Fenster im unteren Teil unter [Limits] den Button [Fit]. Durch Betätigung von [Fit] entsteht der Graph in Abbildung 157. Im [Path Plot]-Window wurde noch [Line Width] auf 4 und [Show Ids] auf 0 gesetzt.

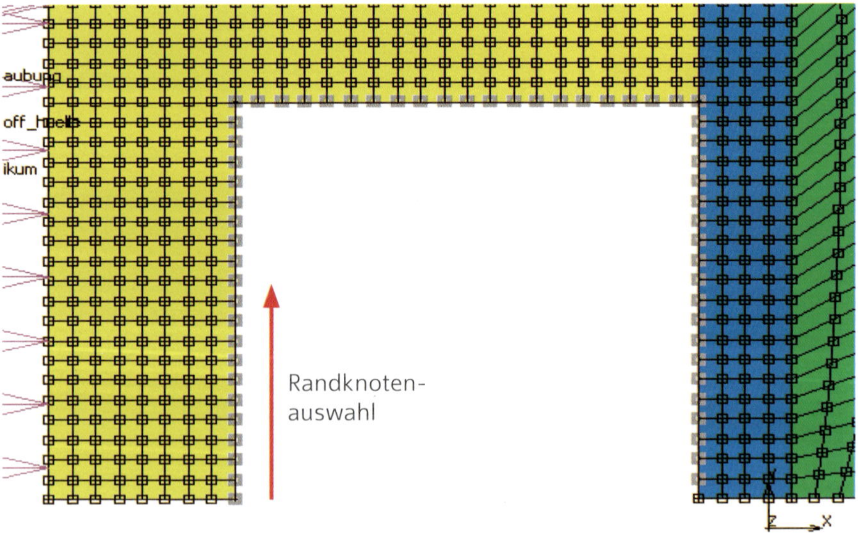

Abb.: 156: Knotenpfad [graue Knoten] auf der Elektrodenoberfläche.

Die Summe der reaktiven Gleichgewichtsladungen geteilt durch die angelegte Spannung, liefert die Kapazität als Bauteilgröße (hier Luft im Detektionsraum). Man kann unterschiedliche Mengen von Schüttgut im Detektionsraum untersuchen und für den Schaltabstand eine Kapazitätsänderung festlegen. Die Abbildung 158 gibt einen Eindruck von dem dreidimensionalen Feld.

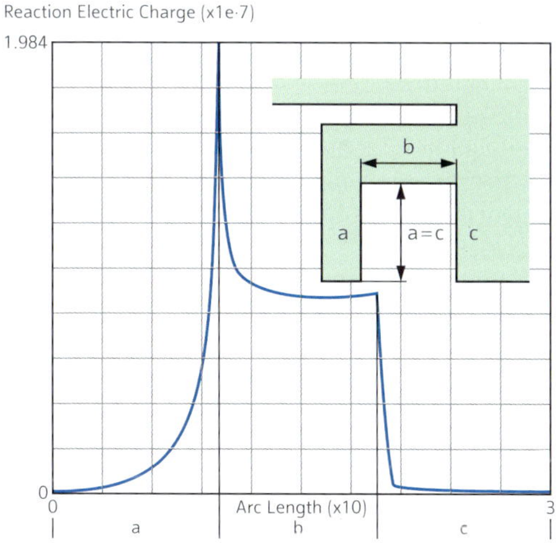

Abb. 157: Elektrische Ladungsverteilung [in Coulomb] über der Position auf der Elektrodenoberfläche.

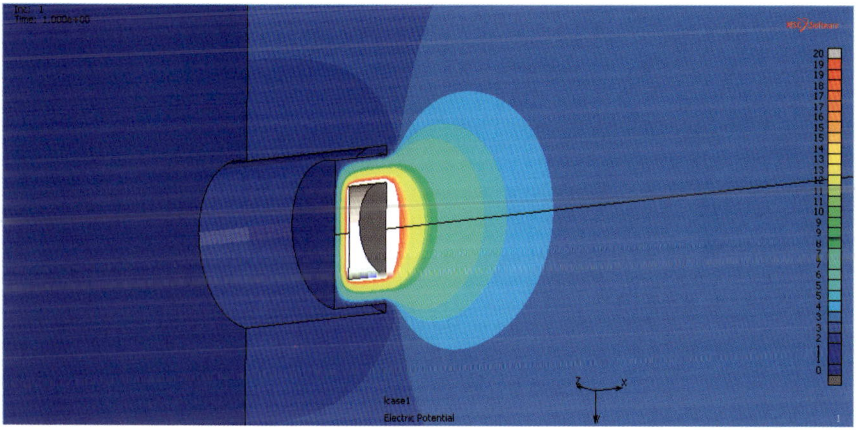

Abb. 158 Elektrostatisches 3D-Potentialfeld des kapazitiven Näherungssensors.

A
Abklingkoeffizienten 87
Abwicklung 37
Additive Fertigung 58
Additive Manufacturing (AM) 58
Advancing Front 102
Advancing-Front-Algorithmus 48
Analyseklasse 101
Anfangsbedingungen 48
Arbeitsumgebung 65
Assembly 33
Assoziativität der Konstruktion 33
Augmented Reality (AR) 14, 39

B
Basisspline 23
Baukastenprinzipien 9
Bearbeitungsprozesse 56
Bemaßung 28
Benchmarking 7
Bestückungsprozess, robotergesteuert 54
Bezeichner 41
Bezier-Spline 23
bidirektional 40
Biegeformen 60
Biegeradien, minimale 53
Body Features 32
Bögen 71
Bohren 61
Boolesche Operationen 26, 65, 69
Bordnetze 35
Boundary Element Method (BEM) 46
Boundary Representation-Method 27
Brainstorming 7
B-Rep-Methode 27
Busleitungen 38

C
CAD-CAM-System 63
CAD-Geometrie 57
CAD-Objekt 29
CAE 11
CAE-Anwendungen 16
CAE-Programme 11
CAE-Techniken 16
CAE-Tools 22
CALS-Programme 11
CAM-Anwendungen 62
CAM-Programme 11
CAP-Programme 11
CAQ-Programme 11
CAS/CAD-Programme 11
CAT-Programme 11
CAx 11
CFD-Methode 50
CNC-Programme 62
CNC-Steuerung 62
Computational Fluid Dynamics (CFD) 17
Computer Aided Desing (CAD) 16
Computer Aided Manufactoring (CAM) 17
Crashberechnung 61
CSG-Methode 25
Cyber-Physische-Systeme 9

D
Dämpfer 51
Datenaustausch, digitaler 14
Datenaustausch, offener 14
Datenbank 14
Datenformate 40
Datenformate, neutrale 14, 39
Datenformat, proprietäres 39
Datenmanagement 38
Datenstandard, integrierter 43
Dehnungen 49
Delaunay-Netze 48
Dielektrizität 55
Differential-Algebraische-Systeme (DAE) 45
Digitaler Prototyp 14
Digital Mock-Up 14
Direct Metal Laser Sintering (DMLS) 59
DMU 17
Drähte 38
Drahtmodellierung 23
Drawing Interchange File Format 40
Drehen 61
Dreischritt 22

Druckformen 60
Druckprozess, robotergesteuert 54
Durchhang 79

E
Effektivitätssteigerung 13
Eigenschaften, plastische 48
Eigenspannungen, thermische 57
Einfallstellen 57
Elastizitätsmodul 48
Electronic Design Automation (EDA) 53
elektromagnetische Verträglichkeitsprüfung (EMV) 55
Elektromobilität 55
elektronische Bauteil-Symbole, aktive 38
elektronische Bauteil-Symbole, passive 38
Elemente 47
Elementgröße 79
Elementkantenlänge 99
Elternelemente 32
Embedded Systems 9
Energiebilanz 51
Entfestigung 61
Enumerative Features 32
Ergebnisauswertung 49
Erstarrungsfronten 57
Erzeugen, skizzenbasiertes 29
Extrusionsmethode 28

F
Fasersausrichtung 58
Features, benutzerdefinierte 33
Feature-Technologie 31
Federn 51
Feld, elektrisches 55
Feld, magnetisches 55
Felgenradius 65
FEM 57
FEM-Programm 61
FEM-Tools 55
Fertigung, additive 60
Fertigungsprozesse 61
Fertigungsverfahren 56
Finite-Differenzen-Methode 46
Finite-Elemente-Methode 46, 47
Finite-Elemente-Methode (FEM) 17, 46, 47, 77
Finite-Elemente-Modelle (FEM-Modelle) 21
Finite-Volumen-Methode 46, 50
Flächenmodellierung 24
Fließkurven 61
Formenteilung 57
Form Features 32
Formgebungsprozesse 56
Fräsen 61
Frässtrategie 63
Freiformflächen 24
Freiformkurve 37
Frontloading 16
Füllsimulation 57
Funktionsprüfung 53
Funktionsprüfung, physikalische 53
Fused Deposition Modeling (FDM) 59

G
Gateways 7
Gelenke 51
Geometrie, analytische 23
Geraden 71
Gießverfahren 57
Gleichungen, analytische 22
Gleichungssystem 48
Granularität 35
Grenzschicht 50
Grübler-Kutzbach-Kriterium 52

H
Half-Edge-Structure 28
Hauptkörper 66
Helix 23
Hermite-Kurven 37
Hermite-Spline 23
h-Methode 49
Hybrid-Konstruktion 65

I
Induktivität 87

Industrie 4.0 9
Initial Graphics Exchange Specification 41
Instand-To-Instant-Link 34
Integrierte Schaltkreisen (IC) 36
isobestimmt 30
Iteration 48

K

Kabelbaum 53
Kapazität 87
Kavität 50, 57
Kegelschnitte 23
Kernel 39
Kindelemente 32
Kinematik 53
Kinetik 53
Kirchhoffsche Knotengleichungen 53
Knoten 47
Knotenanalyse 53
Kompass 66
Komponenten 51
Konstruktion, assoziative 9
Konstruktion, Feature-Basiert 31
Konstruktion, parametrische 30
Konstruktion, recyclinggerechte 10
Konstruktion, skizzenbasierte 28
Konstruktionsparameter 9
Konstruktionstabelle 31
Konstruktionsweise, konventionelle 30
Konstruktion, wissensbasierte 34
Kontaktierung 53
Kontrollpunkte 24
Kostenfestlegung 11
Kraftelemente 51
Kreisfrequenz des gedämpften Schwingkreises 87

L

Laminated Object Manufacturing (LOM) 59
Lasten 81
Linienmodellierung 23
Link 33
Lösungsalgorithmen 49
Lunker 57

M

Makros 12, 35
manufacturing 62
Materialeigenschaften, plastische 60, 61
Materialparameter 46, 51
Materialwerte 57
Maulweite 65
Maxwellsche Gleichungen 55
Mehrkörpermodelle 20
Mehrkörpersimulation (MKS) 17
Meilensteine 7
Methode 6-3-5 7
Mikro-Porosität 57
Mixed Reality 14
MKS-Modelle 51
Modellbildung 22
Modelle, akkumulative 25
Modelle. analytische 22
Modelle, generative 25
Modelle, geometrische 19
Modelle, mathematische 22
Modelle, physikalische 20
Modellierung, geometrische 23
Modellstruktur 35
Modell-Übersetzer 39
Multi Body Systems (MBS) 20
Multi-Model-Link 34

N

Näherungsgeometrie 23
Netlist 38, 53
Netze 47
Netz, strukturiertes 46
netzunabhängig 49
Netz, unstrukturiertes 46
Neuvernetzung 62
NIST 41
Normalenvektor 27
Numerical Control (NC) 17

O

Octree-Algorithmus 48
Ohmsche Widerstände 87
Operational Features 32
Operationen 32

P

Parameter 31
Parametrik 31
PCB-Layout 54
PDM-/PLM-Software 38
PEP-Phasen 7
Permeabilität, magnetische 55
Permittivität, elektrische 55
Phasenkopplung 11
Platinen-Layout 35, 38
p-Methode 50
Postprocessing 46, 47
Potentialfeld 55
PPR-Verfahrensstruktur 63
Preprocessing 46, 78, 98
prismatische Zellen 50
Prismenschicht 50
Product Data Management (PDM) 13
Product Lifecycle Management (PLM) 13
Produkt, intelligentes 9
Produktionseinheiten, intelligente 9
Produktlebenszyklus 10
Produktliste 63
Produktstruktur 33
Prozessliste 63
Prozesssimulation 56
Punktbewegung 20

Q

Quads 102
Quadtree-Algorithmus 48
Qualitätssteigerung 13
Quality Gates 7
Querkontraktionszahl 48

R

Randbedingungen 46, 48, 55, 57, 81
Randelement-Methode 46
Rapid Prototyping (RP) 14, 58
Rechte-Hand-Regel 27
Rekristallisationstemperatur 60
Ressourcenliste 63
Reverse Engineering 15
r-Methode 49
Rückverfolgbarkeit 10

S

Schaltabstand 97, 108
Schaltpläne 38, 53
Schaltplanerstellung 88
Schaltplan-Erstellung 35
Schaltungsaufbau 90
Schaltungsoptimierung 54
Schematic Capture 35
Schnittgeschwindigkeit 62
Schnittkraft 62
Schnittstellen 40
Schnittstellen, neutrale 40
Schubformen 60
Schwindung 57
Schwingkreis 87
Selective Laser Sintering (SLS) 59
Senken 61
Set, geometrisches 65
Simulation 19
Simultaneous Engineering 15
Single Sourcing 14
Skripte 35
Softwarelandschaft, heterogene 39
Soll-Ist-Vergleich 15
Solving 46, 48, 84, 106
Spanbildung 62
Spannungen 49
Spannung, mechanische 77
Spannungsverteilung 49
Spline, approximierende 24
Spline, interpolierende 24
Splines 37, 73
statisch bestimmte Lagerung 48
Steckverbindungen, passende 53
Stellelemente 51
STEP-Format 42
Stereo-Lithographie (STL) 59
STL-Format 43
Strak 23
Streckgrenze 77
Strömungsregime 51
Strukturbaum 26, 30, 32, 33, 35, 66
System, technisches 19

T

Tagged-Data-Format 41

Tangentenstetigkeit 73
Tangentialspannung 24, 37
Temperaturverteilung 57
Templates 12
Tesselierung 24, 59
Three-Dimensional Printing (3DP) 59
Transistoren 36

U

Umformprozesse 56, 60
Urformprozesse 56

V

VDI-Richtlinie 2221 19
Verdrahtungspläne 38
Verfestigung 61
Verformung, plastische 61
Vergleichsspannung 77
Vernetzung 46
Vertices 43
Vierecks-Elementen 102
Viewer 39
Virtual Product Development (VDP) 13
Virtual Reality-Techniken 39
virtueller Produktentstehungsprozess (ViP) 13
virtuelle Realität (VR) 14
Viskositäten (Zähigkeitswerte) 51
Volumenkörper 28
Volumenmodellierung 25
Volumenprimitive 25
von Mises 77

W

Wärmekapazität 57
Wärmeleitfähigkeit 57
Watson-Algorithmus 48
Weltumspannendes Engineering 15
Werkstoffschädigung 48

Z

Zähigkeit 57
Zeichnungsdateien 34
Zeitintegration, implizite 54
Zellen 50
Zentrallinie 37
Zuführkanal 57
Zugdruckformen 60
Zugformen 60
Zusammenbau 33
Zusammenhang, topologischer 26
Zwangsbedingung, explizierte 29
Zwangsbedingung, implizierte 29

|Autodesk GmbH, München: 59. |CFX Berlin Software GmbH, Berlin: 55. |© Dassault Systèmes Simulia Corp. 2015: 65 |deckermedia GbR, Vechelde: 4, 6, 9, 10, 23, 26, 27, 28, 32, 33, 38, 47. |Dr. Staus, Steffen, Braunschweig: 4, 16, 22, 23, 24, 25, 26, 27, 29, 30, 31, 34, 36, 37, 41, 42, 43, 45, 49, 50, 51, 54, 56, 60, 61, 62, 63, 66, 67, 68, 69, 69, 70, 71, 72, 73, 74, 75, 76, 77, 78, 79, 80, 81, 82, 83, 84, 85, 86, 87, 88, 89, 90, 91, 92, 93, 94, 95, 95, 96, 97, 98, 99, 100, 101, 102, 103, 104, 105, 106, 107, 108, 109, 110, 111. |Fraunhofer-Institut für Graphische Datenverarbeitung IGD, Rostock: 15. |Koblauch, Henrik, Copenhagen: PhD Thesis Henrik Koblauch (2015): „Low back load in airport baggage handlers", University of Copenhagen - Faculty of Health and Medical Science, https://www.anybodytech.com/download.html?did=publications.files&fname=Koblauch_2015_Low%20back%20load%20in%20airport%20baggage%20handlers.pdf 56. |Lithos, Wolfenbüttel: 6, 7, 12, 13, 21, 22, 30, 35, 37, 39, 40, 45, 47, 50, 51, 52, 65, 79, 81, 87, 91, 93, 97, 98, 111. |MAGMA GmbH, Aachen: 57. |MSC. Software GmbH, München: 58. |RECHNER Industrie-Elektronik GmbH, Lampertheim: 97, 98. |stock.adobe.com, Dublin: Andrey_Lobachev 20; Leandro Titel; LVDESIGN Titel; pavlodargmxnet 4, 19. |TOP500.org, Sinsheim: Zugriff: 02.2020 12. |TotalSim Ltd., Brackley: 16.

Wir arbeiten sehr sorgfältig daran, für alle verwendeten Abbildungen die Rechteinhaberinnen und Rechteinhaber zu ermitteln. Sollte uns dies im Einzelfall nicht vollständig gelungen sein, werden berechtigte Ansprüche selbstverständlich im Rahmen der üblichen Vereinbarungen abgegolten.